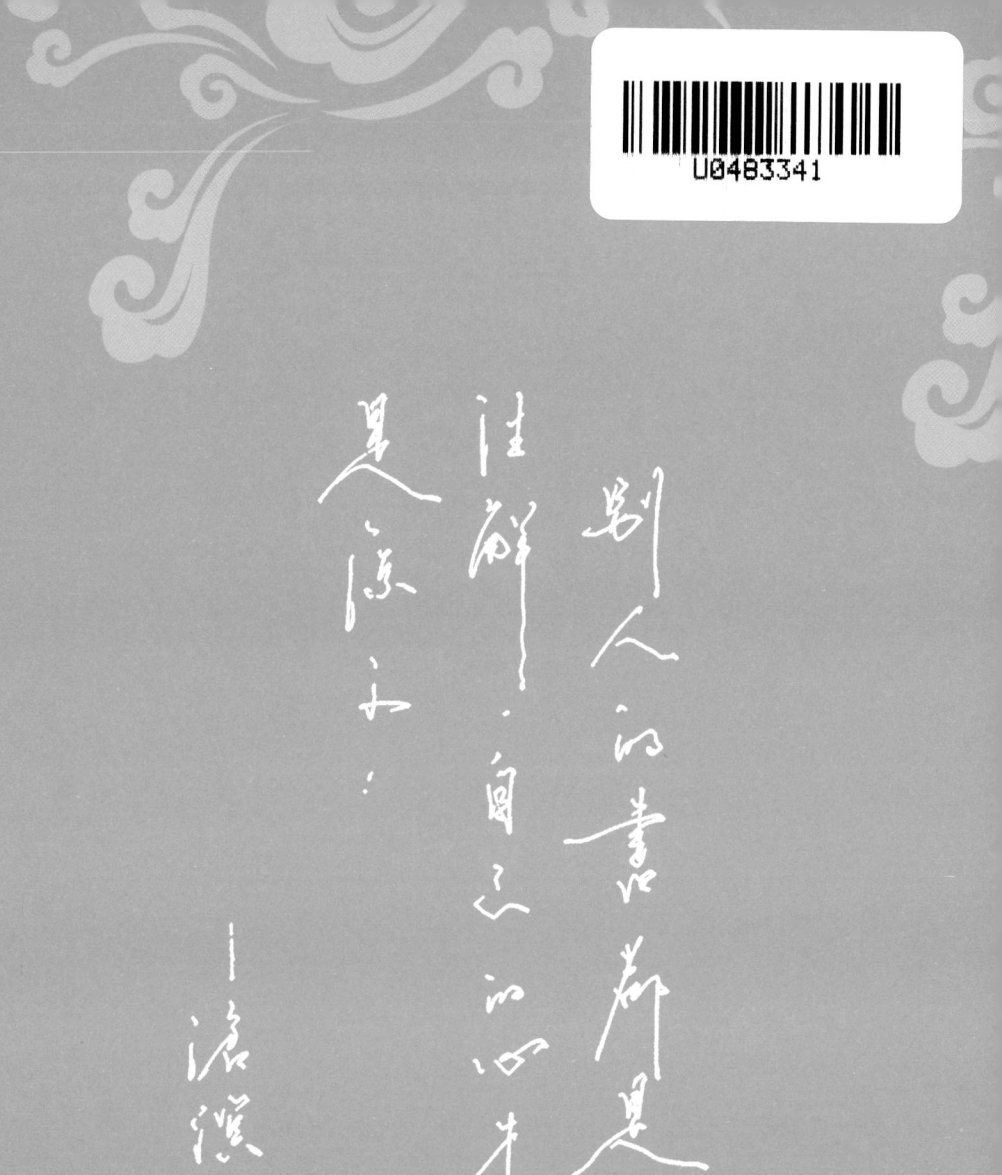

別人的書都是注解，自己的心才是原本。

——漁隱先生

郦波 著

中华家训智慧
—— 孝悌新主张 ——

天津出版传媒集团
新蕾出版社

图书在版编目(CIP)数据

孝悌新主张 / 郦波著. —— 天津：新蕾出版社，2014.7(2017.9 重印)
（中华家训智慧）
ISBN 978-7-5307-6041-3

Ⅰ.①孝… Ⅱ.①郦… Ⅲ.①品德教育-中国 Ⅳ.①D648

中国版本图书馆 CIP 数据核字(2014)第 120072 号

出版发行：	天津出版传媒集团
	新蕾出版社

e-mail:newbuds@public.tpt.tj.cn
http://www.newbuds.cn

地　　址：	天津市和平区西康路 35 号(300051)
出 版 人：	马梅
电　　话：	总编办 (022)23332422
	发行部 (022)23332676　23332677
传　　真：	(022)23332422
经　　销：	全国新华书店
印　　刷：	北京盛通印刷股份有限公司
开　　本：	895mm×1300mm　1/32
字　　数：	81 千字
印　　张：	6
版　　次：	2014 年 7 月第 1 版　2017 年 9 月第 3 次印刷
定　　价：	24.00 元

著作权所有·请勿擅用本书制作各类出版物·违者必究，如发现印、装质量问题，影响阅读，请与本社发行部联系调换。
地址：天津市和平区西康路 35 号
电话:(022)23332677　邮编:300051

自序

中华家训智慧

中华家训　别有智慧

家训,对于今人来说,是个比较专业的说法。但在古时,却是常用词,因为"人必有家,家必有训"。中国的家训传统,自古及今,源远流长。

那么,什么是家训呢?

王勃在著名的《滕王阁序》中说过一句名言:"他日趋庭,叨陪鲤对。"说的正是早期的家训。《论语·季氏》篇记载:

(孔子)尝独立,鲤趋而过庭。曰:"学诗乎?"对曰:"未也。""不学诗无以言。"鲤退而学诗。他日又独立,鲤趋而过庭,曰:"学礼乎?"对曰:"未也。""不学礼无以立。"鲤退而学礼。

这是一段对话,也是一幕生动有趣的生活场景:

有一天,孔子站在院子里,他的儿子孔鲤

从庭前经过,孔子便叫住孔鲤问道:"你开始学诗(按:一说学习《诗经》)了吗?"孔鲤回答说没有。孔子于是说:"不学诗,怎么会说话呢?"于是孔鲤退下,开始努力学诗。

过了几天,孔子又在院中看见儿子从面前经过,于是又叫住他问道:"你开始学礼了吗?"孔鲤回答说没有。孔子于是教训道:"不学礼,不知礼,怎么能立身于世呢?"于是孔鲤退下,开始努力学礼。

这是伟大的教育家孔子对孔鲤的教育,也是一个普通的父亲对儿子的教育,所以这段记载也被视为中国古代家庭教育中的典范之一。而孔子所说的"不学诗无以言"和"不学礼无以立",则成了古代早期家训的典型内容。

当然,就文献而言,《论语》所载孔子对孔鲤的教育还不是我们所能看到的最早的家训。作为商周时期文献的合集,《尚书》中收录了更多也更为典型的家训作品。其中最为有名的《无逸》篇,是周公辅政时,周公教导侄子成王如何勤俭执政的。那句"君子所其无逸,先知稼穑之艰难",也成了后世诸多帝王教育后代不要贪图安逸奢华生活的名训。

通过孔子所说的"不学诗无以言""不学礼无以立",以及周公所说的"君子所其无逸",我们可以知道,家训其实很简单,不过就是家庭或家族中的长辈教育子弟或晚辈的教育内容。这些内容十分宽泛,包括家庭生活、言行举止、个体修身、交友处世,乃至出仕从政、建功立业等各个方面。这些内容中的精华被行之于文、传乎后世,便形成了中国古代独特的家训文化。

西汉以后,由于儒家学说渐成社会主流,儒家所提倡的"修身、齐家、治国、平天下"的人生信仰与素来的家训教育不谋而合,在"家天下"的文明模式中,家训遂一跃成为社会教育的主流。这集中地表现在两个方面:

一是家训所代表的家庭教育形式成为当时教育的主流形式。

我们一般以为古代教育的主要渠道和我们现在一样,是课堂,也就是学校教育。事实上,标准的学校自商周以来确实也早就存在。比如商周时期的庠序、辟雍,两汉的太学,唐宋以后的国子监与书院等。

但我们不知道的是,不论哪个时期,能进入这些学校学习的学生在数千年的中国古代教育史中都是寥寥可数的(古代私塾、族塾、宗塾等俱属家庭教育形式,并非严格意义上的学校)。事实上,因为儒家对"修齐治平""家国天下"信仰的推崇,"修身齐家"的行为模式最终决定了家庭教育成为全社会最基础也是最核心的教育形式。

换句话说,中国人最重家,从来都把家庭教育当作安身立命的根本。《三字经》里说:"养不教,父之过。教不严,师之惰。"这说明教不教,是父母的责任;教的程度如何,才是老师的责任。所以就"教"而言,父母才是人生第一任重要的老师。推而广之,父母对子女,长辈对晚辈,具有不可推卸的教育责任。这就是中国人所笃信的教育理念,也是家训在中国古代得以昌盛的最关键原因。

二是家训所涵盖的教育内容成为当时教育的主要内

容。

　　秦汉以后，大量有关家训的文本文献开始出现。虽然一直到南北朝时期，自颜之推写作《颜氏家训》开始，"家训"才正式得名，但在这之前，大量的"家诫""家范"与"诫子书"其实都是标准的家训文献。自颜之推后，像唐太宗李世民所作的《帝范》、司马光所作的《家范》等，虽然不以"家训"为名，却也都是标准的家训作品。甚至像成册成卷的家书、家信，只要有教育的内容与意义，在古时也一概被视为"家训"。

　　这样一来，古代家训典籍中所包含的教育内容一下子变得丰富起来。狭义地看，囊括家庭生活的方方面面：如何治家，如何共处，如何规范，如何发展；广义地看，则囊括人生智慧的方方面面：如何启智，如何修身，如何成就人生，如何忠孝两全。

　　学习之道，立身之道，家庭之道，事业之道，莫不成为中国古代家训的关注点，这正是中国古代儒家教育的核心所在。

　　综上所述，我们可以知道，中国家训不仅承载着丰富的教育智慧，也承载着华夏文明独特的历史智慧与人生智慧。

　　中华家训，别有智慧！

　　是为序。

郦　波
甲午暮春于金陵水云居

目录 Contents

孝是一种修炼 …… 001

孝不教不知 …… 009

不孝多因无知 …… 019

孝是感恩 是敬畏 …… 027

感恩是一种卓识 …… 037

孝顺等不得 …… 045

百善孝为先 …… 055

孝不在物质 …… 063

孝不是盲从 …… 071

孝不是表演 …… 079

齐家方能成大业……089

孝是定海神针……097

家和万事兴……105

宽容系亲情……113

我忍 我忍 我忍忍忍……123

凝聚家庭正能量……133

打虎亲兄弟 上阵父子兵……143

孝在传承……151

成才 成大孝……161

心中有孝 如沐春风……169

孝是一种修炼

家训名言：

　　天理良心，人之所以为人；宽仁厚德，覆载所以长久……得天理以为人，天地故为父母；父母才有我身，父母故同天地。欺堂上父母易，欺头上父母难……孝在修德，德在修心。

清·刘沅《豫诚常家训》

沧溟先生说:

什么是良心?

"良心"这个词出自《孟子》一书,宋代理学大师朱熹在注释时说:"良心者,本然之善心。"也就是说,良心是人的天性中本来就有的善的一面。

事实上,孟子之所以会提出"良心说"来,是因为他主张人性本善。他认为人性本来是善良的,只是在人世中被现实污浊了。只要每个人能找回人性中本来就有的善的一面,那么人人皆善。

但是这样一来,我们会问,既然人性本善,那么恶又是如何出现的呢?能污浊人性的黑暗现实又是如何产生的呢?

所以，同为儒家传人的荀子就不同意孟子的观点，他认为人性本恶。正是因为人性本恶，所以人才需要不断学习，由此来改变自己恶的一面。这样人人修身，才有可能社会和谐。

事实上，人性到底是本善还是本恶，这个问题在人类文明史上已经争论了数千年，到现在还没有一个定论。但是毫无疑问，人性中一定有善的一面，否则，人们不会把向善作为终极目标；人性中也一定有恶的一面，否则，人们不必把修身作为人生进步与成长的起点。所以，从这个角度看，良心，既可以是人性善的觉醒与回归，也可以是对人性恶的超越与升华。

所以，刘沅在家训里说"孝在修德，德在修心"，并用天地自然孕育万物的规则做比喻，一方面是提醒子弟不要忘记自己良善的本心，另一方面也是要让子弟不断在现实中去修炼那颗良善的本心，而保持本心与修炼本心的出发点都在一个"孝"字。

这让我想到前些年颇有争议的一件事。

前些年,当各地中小学开始推行孝道教育,提倡孝亲行为时,让孩子为父母洗一次脚成为各地中小学纷纷效仿的一种德育实践活动。

可是,一位知名学者却因此发出批评的声音,说"应该抵制孩子给父母洗脚","小学生给父亲洗脚是愚孝",并引用鲁迅先生批判《二十四孝》的例子说:"小学生给父母洗脚,不就是把我们推翻的东西又捡起来了吗?这种愚孝,已经在鲁迅时代被推翻,为何现在还要去捡起来呢?"

一时间,这样的观点引起舆论一片哗然。对此,各方意见纷纭,却也争得不亦乐乎。

对于这位学者的观点,沧溟先生觉得有几个不得不问与不得不思考的地方。

鲁迅在《朝花夕拾》中有一篇《二十四孝图》,确实专门谈及古代孝道的问题。但就算是二十四孝,鲁迅也主张辩证地看待。像子路负米、黄香扇枕、陆绩怀橘,鲁迅都认为可以效仿,甚至模仿陆绩做了鲁迅怀橘的想象。而鲁迅批判的主要是老莱娱亲、郭巨埋儿这种为了提倡所谓的孝道,做出不近人情、泯灭人性的伪善行为。因此，就算是鲁迅对二十四孝的故事总体上具有嘲讽与批判的态度，毕竟也没有否定过给父母洗脚的孝行，也没有认为给父母洗脚就是愚孝。

此外，鲁迅所代表的新文化运动是在特殊的历史背景下应运而生的，其中并非没有矫枉过正的地方。新中国成立后，我们对传统文化的无知、曲解与破坏更是到了可笑、可叹、可悲的地步，难道这其中所有被我们"推翻的东西"就真的全无价值吗？就真的全无"捡起来"的必要吗？如若如此，又何来复兴国学的必要呢？

何谓愚孝？其实考察中国的历史就会知道，孝本来无所谓愚与不愚。虽然人们对孝道的认识也有不少误区，但愚孝之说主要是因愚忠而起。封建统治者为了维护自身的统治，主张以孝治天下，其背后不可告人的目的是为了让臣民对其愚忠，而为使民愚忠而提倡的伪孝才是真正的愚孝。可孩子为父母洗脚与否，与这种愚忠愚孝却是半点儿也不沾边的。

所以，这位学者并没有真正理解中国古代孝道与孝文

化的精髓。如果他读过刘沅的家训就会知道,虽然行孝的方式很多,虽然不一定非要为父母洗脚,但肯为父母洗脚确是一种孝的修行,是一种修德、修良心的行为。这种修行虽然在生活中也可以用各种各样的表现方式来实践,也可以依据每个人的具体情况来施行,但这种修行本身是不可或缺的。

因此,如果有人愿意给父母洗脚,这很好,这既不伪善,也不愚孝,为什么非要去抵制呢?连朱德总司令都能放下身段,为母亲洗脚,小学生又何尝不可呢?

尤其是对于当今的孩子来说,大多是独生子女,没有经历过太多苦难,他们会认为父母对他们的爱护、辛劳与付出都是理所当然的。在这种社会现状下,提倡从实践做起,让孩子们为父母洗洗脚,践行子女对父母应尽的孝心,这种方式便是从幼年开始的修德与修心,既能让孩子们找到内心的良善,又能让孩子们借此成长,何乐而不为?又怎能一棍子打死,一句话抹杀呢?

◎ 沧溟寄语：

行孝，其实是一种修炼，是修炼品格，是修炼良心。孝能让你找到人性本善的一面，也能让这种善良不断成长与强大。所以，哪怕是为父母洗洗脚、敲敲背、揉揉肩，哪怕只是陪他们说说话、聊聊天，他们也会因此而快乐，你也会因此而感到温暖。

孝不教不知

家训名言：

父之爱子，人之常情，非待教训而知也。子能忠孝则善矣。

唐·李世民《教戒太子诸王》

沧溟先生说:

一般人提倡孝道,总说孝是人的一种本能。其实不然,这方面,中国古代家训的认识明显要深刻得多。唐太宗就认为,父母对孩子的爱确实出于一种本能,而让孩子对父母、对长辈尽孝道,那就不能只靠本能,而要靠教育,靠培养,靠影响了。

唐太宗的观点到底对不对呢?

反对的人会首先举出乌鸦反哺、羊羔跪乳的例子。

乌鸦反哺的典故出自李时珍的《本草纲目》,里面说小乌鸦刚刚降生的时候,乌鸦妈妈会亲口哺食长达六十天。等小乌鸦长大后,老乌鸦飞不动了,不能觅食了,小乌鸦会主动喂食给老乌鸦,以报小时候妈妈的哺育之恩,这叫"乌鸦反哺"。

羊羔跪乳的典故出自《增广贤文》,是说羊妈妈生了小羊羔之后,每时每刻都对孩子无微不至地悉心照料。小羊渐渐懂事后,对妈妈说:"妈妈,妈妈,你如此爱我,我该怎样报答你呢?"羊妈妈笑着说:"妈妈不要报答,只要你有孝心就够了!"小羊感动得落了泪,它扑通一下给妈妈跪了下来。从此,羊妈妈喂奶的时候,小羊永远是跪着吃奶,用这种姿势来表达感激之情,这叫"羊羔跪乳"。

一般举这两个例子的人都会说:"看,连动物都知道尽孝,难道人还不如动物吗?"

是啊,难道人还不如动物吗?连动物的"孝心"都不及,那可真是禽兽不如了!

这两则故事确实是孝道教育的典范,但要据此说孝道完全是一种本能,就不免偏颇了。

魏晋时期有位名士叫阮籍,他是一位大孝子,但其言行却十分狂放怪诞。有一次,司马昭召集手下文人聚会。有人

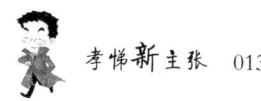

说到一条新闻,说一个当儿子的居然用刀杀死了亲生母亲!

在场众人一听,一片哗然,纷纷指责这个当儿子的连畜生都不如,应该判处死刑。当时阮籍一直没有吭声,一向与他关系不合的钟会挑衅地问阮籍:"阮先生如何看呢?"

阮籍沉默了片刻,突然说:"杀父亲也就算了,居然杀母亲,果然连畜生都不如!"

众人一听,举座哗然,钟会立刻对司马昭说:"阮籍居然说杀父尚可,这可是大不孝,该是杀头的大罪。"

司马昭也觉得很奇怪,先是对钟会摆摆手,然后看着阮籍说:"请问阮先生,你为何这么说?"

阮籍冷静地说:"动物只知有母,不知有父,所以动物界有弑父的现象,可是没有听说过动物有弑母的。现在这个家伙连母亲都杀,岂不是真的连畜生都不如!"

司马昭听后笑笑说:"先生果然思路奇特啊!"

其实,阮籍这么骇人听闻地说"杀父尚可"是有原因的,他是在讽刺当时社会的伪善与伪孝道。但抛开这层寓意不谈,他谈的自然现象倒确实是真实的。动物不知有父,只知有母。科学家认为，动物的这种反应只是一种反射行为，不具备社会学的意义。而古代人之所以把低等动物的行为现象引申为一种孝道本能，实际上是社会伦理规范与道德教育的需要。

其实，孝不只是对母亲孝，还要对父亲孝；孝也不只是对父母孝，还要对所有长辈孝。既然能对上孝，那么对下爱就不难。如能尊老爱幼，那么和谐的社会氛围也就不难建立了。这就是传统儒家首倡孝道的关键所在。

没有父母不爱自己的子女的，因为这确实是一种本能。但是反之呢？作为高等动物的人类，却存在着很多不孝父母、不敬长辈的现象，这不得不让人感叹人性中恶的一面亟须通过教育与影响来改变。

综上所述，唐太宗李世民提出的"父爱"与"子孝"的差别，实在是有感而发。他为了和自己的亲兄弟争王位，不惜发动了"玄武门之变"，亲手杀死了自己的哥哥与弟弟，又逼自己的父亲让位给自己，从道德的角度讲，已经是大不孝了。可是，当他成为父亲，成为皇帝后，看着自己的儿子们像

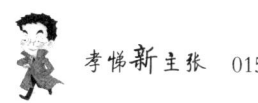

当年的自己一样,钩心斗角,甚至不择手段,觊觎皇位,李世民的内心充满了深深的懊悔。我们不知道他对当年的逼父杀兄有过怎样的忏悔,但从他晚年勤勉地教育孩子,甚至为太子专门写出一部家庭教育专著《帝范》来看,就知道他在晚年已深深认识到孝道的教育不可或缺。而这本帝王家庭教育的范本《帝范》,也因此被称为"中国古代最伟大帝王的智慧书"。

所以,在李世民看来,子之忠孝,有待教训,孝道有待于教育,有待于影响,这种教育要起步于家庭,传播于社会。这真是一种真知灼见。

一个人真正的价值并不体现在一时的成功,而是体现在不断地成长。而成长有赖于自我的努力,更有赖于教育的影响。不论是对个体还是群体来说,孝道教育都不可或缺,因为它既关系到每一个心灵的成长,又关系到全社会的和谐。

所以,"孝"自"教"出,"教"亦从"孝"出!

◎ 沧溟寄语:

人生真正的价值并不体现在一时的成功,而是体现在不断地成长。而成长,一方面有赖于自我的努力,另一方面也有赖于教育的影响。教育的"教"字从"孝",所以孝道教育是道德教育的出发点,是社会教育的重点所在。这也是每个人在自我成长中应该明了的。

不孝多因无知

家训名言：

不肖子孙，眼底无一句诗书，胸中无一段道理。

五代·章仔钧《太傅公家训》

沧溟先生说：

清代的大文豪王渔洋在他的《香祖笔记》一书中曾经专门记载过一个小故事。

他说，邯郸有一个叫侯二的人，是个无知的小混混儿，不仅人特别浑，而且特别不孝顺。有一次，家里没有米了，他就让母亲扮成叫花子出门讨饭。母亲没办法，只得出门讨米。可是，因为母亲讨回来的米少，侯二大为光火，不仅打骂母亲，甚至要把母亲赶出家门。老婆孩子怎么哭着劝他，他也不听。

母亲被赶出家门后没几天，侯二就全身长满了毒疮，而且怎么也治不好。没过多久，毒疮溃烂，侯二一命呜呼。侯二死后托梦给他的儿子,说自己因为忤逆母亲,犯了大不孝之罪,所以被阎王罚到京城宣武门西的车子营,在一户叫张二的人家,投胎成了一头猪。侯二求儿子,一定要赶去京城把他从猪圈里救出来,他可不想当一头猪!

侯二的儿子将信将疑,他赶到车子营,找到了张二家,张二家的老母猪果然新产了一头猪,而且这头猪非常奇特,居然是猪身人面,跟埃及的狮身人面像有一拼。此事弄得四方轰动,好多人前来围观。侯二的儿子也挤到猪圈前面,一看不禁大哭,因为他立刻认出了那张面孔。

侯二的儿子忙把老爹托梦的事说了出来,央求张二让他买下这头猪并带着这头猪离开。

张二不解地问:"为什么你爹会变成一头猪呢?"

侯二的儿子不得已,只得把侯二不孝,忤逆打骂奶奶并把奶奶赶出家门的事说了出来。

听完事情的缘由,张二坚定地摇了摇头:"这猪不卖。你爹这种忤逆子只配在猪圈里生活,因为猪是不需要脑子的!"

所有人都支持张二的决定。最终侯二的儿子空手而归，而侯二只能永远做一头浑浑噩噩、无知肮脏的猪。

其实，这是一个警示世人的寓言故事，它把不孝的忤逆子比喻成浑浑噩噩、肮脏且无知的猪，十分深刻。就像章仔钧在家训里说的，不孝就是因为眼底无诗书，胸中无道理。归根结底，就是因为无知、无修养。

香港影帝黄秋生是圈内外人尽皆知的大孝子，即使是拍戏最紧张的时候，只要一听到母亲身体不好，他就会立即放下手头的工作，回去探望、陪伴母亲。如此孝顺的黄秋生，面对记者采访时，却坦言自己早年是个不孝子，甚至曾把母亲气到吐血。

黄秋生人生经历十分坎坷，他是个私生子，父亲在他四岁的时候就抛弃了他们母子。母亲不得已去给人家做女佣，含辛茹苦，艰难度日。黄秋生也因此从小被人歧视，饱受欺凌。因为在恶劣的环境里成长，他后来就读的是香港的群育学校，也就是专为问题少年而设的特殊学校。为了谋生，他当过学徒、修理工，在底层社会摸爬滚打。黄秋生也坦言，自己早年没读过多少书,无知再加上脾气暴躁,他对母亲的态度往往非常恶劣。

这位影帝曾在记者面前,带着悔意深情地追忆自己的母亲:"她整天担心我没吃东西,走来拍我房门,有时我在睡觉,真的会好生气!工作好辛苦,我不能容忍休息时还有人在旁边搅扰,我曾大声呵斥过我妈,甚至气到她呕血……你看我现在好像很孝顺我妈,其实你没见到我怎么气她……"

影帝的这番话里透着直率的性格,透着生活的气息,也透着浓浓的悔意。黄秋生早年之所以对母亲态度不好,不仅是因为他年少轻狂,更是因为他年轻时没能好好学习、修身。说到底,就像古人常说的"腹有诗书气自华",学问不够,自然修养不够;修养不够,自然会有种种恶劣的表现。

后来,黄秋生考入了亚洲电视的演员培训班,毕业后,又进入香港演艺学院学习,从此,他的人生才迎来了真正的转折。黄秋生拍戏之余也喜欢读书、学习,他常说:"人生就是演戏。一个演员要想很认真地演戏,就一定要保持一种天真!"所谓人生如戏,戏如人生。在演戏的过程中,他对人生

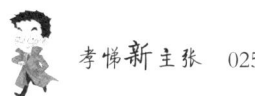

的体悟也越来越深，而这个过程既是他演技越来越精湛的过程，也是他人生阅历、个人修养越来越深厚的过程。终于，凭着精湛的演技，他先后六次荣膺影帝称号；凭着修养与学识的积累，这个当年把母亲气到吐血的忤逆子最终成为圈内外人人称赞的大孝子。

所以，修孝心，修孝道，其实是让自我不断成长的一种方式、一种明证、一种最良善的效果。

如果一个人永远不努力、不进步、不成长，那么他就像王渔洋笔下的侯二一样，与一辈子浑浑噩噩、肮脏无知的猪没有什么区别。但如果一个人始终有一颗上进心，能不断地学习进步，提升自我，那么，哪怕他年轻的时候对父母犯过无知而幼稚的过错，他最终也能成长为像黄秋生那样的品行皆佳、事业有成的孝子。

◎ 沧溟寄语：

中国人讲究知行合一，换一个独特的角度来看，当你的知识与修养逐步提高的时候，你的行为与品德也会随之提高。修养与孝行也是这样的关系。修孝心，修孝道，其实是自我不断成长的一种方式，同时，它又是人生确乎在不断进步、不断提升的一种明证。

孝是感恩 是敬畏

家训名言：

  人生所关切者，莫大于天性之恩。父子兄弟，天性一体之恩也。子不孝，弟不悌，是灭天性也。

《江苏吴氏宗谱》

沧溟先生说：

古时候，最让人们敬畏的事物，既不是神仙，也不是鬼怪，而是天！

宇宙间终极的准则被称为"天道"。所有的神明之上最高的神被称为"皇天""昊天"。人类等一切动物都生存在天的恩赐下，这叫"天恩"。而天的威严神圣不可侵犯，这叫"天威"。人世间一切正义的行为，不过都是在奉行天的意志，这叫"替天行道"。而人世间最大的权力掌控者皇帝也不过只是天的子嗣，所以皇帝又叫"天子"。

所以，孝作为人的所有品德中最重要的品性，被称为"天性"；而不孝，自然就是天性泯灭，是要受到天的惩罚的。

为了证明这一点,古代衍生出很多故事,或者证明孝有感天动地的力量,或者证明不孝必将受到上天的惩罚。

不孝则受天罚,这样的例子有很多,像我们前面提到的侯二变猪的故事,在古代笔记小说中比比皆是。但相对于因警戒而生畏来讲,树立榜样的事例更能让人生敬,由敬而效仿,由效仿而知感恩,从而达到最好的教育效果。因此,孝心产生奇迹的故事,是中国人更加乐于传颂的。

三国时的孟宗,早年丧父,自幼家贫,母亲含辛茹苦,却坚持要供孟宗上学读书。有一年,母亲做了一床很大的被子送到学校里来,说家里穷,帮不上跟孟宗一起读书的贫苦孩子们,做一床大一点儿的被子让贫寒的学子一起取暖也好。孟母的善良感动了学校所有的人。

有一年,孟母得了重病,孟宗急忙赶回家照料母亲。虽然孟宗尽心照料,可母亲的病不仅不见好转,反而越来越重。孟宗很着急,却也没有办法。有一天,孟宗看母亲胃口不好,就问她想吃些什么。母亲随口说,想喝笋尖汤,但说完就后悔了,当时是冬天,哪里买得到春天才有的笋尖呢?于是

母亲连忙改口,说只是随便说说的。

孟宗思来想去,母亲辛辛苦苦把自己拉扯大,现在重病在床,想喝一碗笋尖汤都不能够,自己作为儿子又有何面目面对母亲?于是他拿起工具,冒着风雪向山上走去。

好不容易来到一片竹林,可林子里铺满了白雪,哪里会有笋尖?孟宗不死心,拿起工具在冻得坚硬的泥土上开始一寸一寸地挖起来。

他挖了很久,直到冻裂的手掌渗出了血,也没看到一星半点儿的笋尖。孟宗失望至极,想到自己的母亲卧病在床却吃不到想吃的东西,不禁悲从中来,在竹林中放声痛哭。

当孝子的眼泪落在坚硬的泥土里,奇迹出现了,冬天的冻土突然层层开裂,雪与冰都融化在土中形成软泥,而软泥中竟然有绿绿的笋尖冒了出来……

孟宗哭竹生笋,终于为母亲刨到了笋尖,做了母亲最想喝的笋尖汤。说来也怪,母亲喝了笋尖汤后居然痊愈了。大家都说是孟宗的孝心感动了上天,这才会出现哭竹生笋的奇迹。

就在孟宗生活过的地方，还有一个比孟宗更有名的孝子，留下过一段更为传奇的孝子佳话。

这个孝子名叫董永，很多人都知道他和七仙女的故事，却不知道这个美丽的爱情故事最初缘于董永的孝行。

董永是一个孝子。父母去世后，他无钱安葬。而古人认为入土为安，父母不得安葬是一种大不孝的行为。为了能使父母顺利安葬，董永不惜卖身葬父，使得父母最终得以入土为安。董永的孝行感动了天帝，所以天帝才会让他的小女儿，也就是排行第七的织女下凡来搭救董永，并与董永结为夫妻。

因为孝心感动了上天，所以冬天的竹林也会生出竹笋；因为孝心感动了上天，所以一介凡人也可以娶仙女为妻。这就是古人对孝的朴素的认识，他们认为孝心可以产生奇迹。而这个出了孟宗、董永的地方，因为屡出孝子，后来被人改名为"孝感"。

孝感现属湖北，因孝心而得地名，可见中国人对孝心能够感天动地的坚信与推崇。

2004年，一个沉睡了三十年的老人，在儿子的悉心照料下竟苏醒了过来；2006年，这位躺了三十多年的老人居然奇迹般地站了起来，最终行动如常。而造就这段人间奇迹的孝子并非老人亲生，这位孝子就是全国道德模范朱清章。

1975年的冬天，朱清章的母亲因病成了植物人。这之后，朱清章才从邻居那里得知自己被抱养的身世。但他并没有抛弃自己的养母，而是担起了照料老人的重任。

从养母得病那天开始，他每天都要给养母擦洗、按摩数次，每次从腿部按摩到头部都要半个多小时，一年四季，从不间断。就在这日复一日的坚守中，母子二人度过了漫长的三十年。

2004年的一个清晨，朱清章照例来到母亲床边，给她擦洗、按摩，念叨着生活里的新鲜事。就在他转身准备离开时，奇迹出现了，母亲竟然醒了过来，口中念着清章的小名。有了康复的希望，朱清章对母亲的护理更加无微不至。两年后，在床上躺了整整三十二年的母亲竟然可以下床行走，如正常人一般生活了。

连医生也认为这是一个医学奇迹,而创造这个奇迹的人虽然只是一个养子,却是一个不折不扣的孝子。

◎ 沧溟寄语:

其实,爱本身就是一个奇迹。我们所有人都因爱而生,而父母之爱如同天地大爱,这种爱应该让我们敬重,也应该让我们感动。同样,我们若能把这种感动用孝行表现出来,同样也可以感动天地。

感恩是一种卓识

家训名言：

终日戴天,不知其高;终日履地,不知其厚。故草不谢荣于雨露,子不谢生于父母。有识者须反本而图报,勿贸贸焉已也。

明·袁仁《训子语》

沧溟先生说：

人，虽然被称为地球上最高级的生物，但在很多方面，人还真的需要向自然界的一草一木学习。

比如，花儿会盛放，是因为要吸引蜂蝶来帮它们传播花粉，这样，它们的物种就得以延续。而在延续物种的同时，它们也不忘奉上花蜜来供蜂蝶们享用，这就是花儿对蜂蝶的感恩。

比如，果树会结果实，果实的核是它们延续物种的秘诀。鸟儿衔了果子后，会把果核扔在泥土里，这样果树的物种就得以延续。而除了果核之外的果肉，可以让鸟儿们享用，这就是果树的感恩。

感恩，是大自然得以良性循环、良性发展的秘密。可惜的是，身为高级生物的人，却常常表现出对这个秘密的无知或熟视无睹。

袁氏家训中就说，有些人终日在天地间生活，却根本没在意过天有多高，地有多厚；有些子女终日在父母身边成长，却根本没在意过父母的爱有多广博，父母的恩情有多深厚。能意识到这些并因此而感恩的孩子，才是真正有见识的人。那些希望上进的孩子，可不要在感恩的道理上蒙昧无知啊！

这话说得很有道理，要想有孝心，首先就应学会感恩。

陈毅元帅为革命戎马倥偬一生，即便是新中国成立后，他依然因忙于工作，没有时间回故乡照料年迈多病的母亲。

有一次，身为外交部部长的陈毅从国外访问回来，途经四川老家，因为尚有时间空余，就特意回家去探望老母亲。当时母亲正好生病卧床，事先并不知道儿子会回来，等到听见陈毅进门的声音，床上的母亲才反应过来，慌忙把床边的一些衣物塞到床下。

原来,母亲因为生病不能下床,小便时只能尿到尿裤上,然后再换下来洗。这时,床边正有换下来的尿裤,还没来得及拿走,陈毅正好回来,母亲怕孩子看见,只好临时塞到床下。

可是,陈毅已经看到了这一切,他先是问候了母亲,然后把床下的尿裤拿了出来,找出水盆,挽起衣袖,就要动手帮母亲洗尿裤。

躺在床上的母亲连连摆手:"你都六十多岁的人了,又是国家领导人,怎么能让你为娘洗这么脏的尿裤呢!"

陈毅对母亲笑笑说:"再大也是您的儿子啊!我小时候,您不是一样帮我洗尿裤吗?而且您帮我洗过无数的尿裤,而我只偶尔帮您洗一次,不是应该的吗?"

一个堂堂的共和国元帅,一个泱泱大国的外交部部长,一个六十多岁的男人,理所应当地帮母亲洗尿裤,这是一个儿子对母亲应有的感恩。

其实,不只是对亲人要感恩,对帮助过你的陌生人也要感恩。韩信年少时家境贫寒,经常挨饿。有一次,一位正在河边洗衣的漂母见韩信饥饿难耐的样子，就把自己的午饭让给了韩信。后来韩信功成名就成为淮阴侯后，终于寻访到当年的漂母，并赠以千金，这就是成语"一饭之恩"的来历。

不仅对人需要感恩，对社会也需要感恩。像世界首富比尔·盖茨，像股神巴菲特，他们都把毕生心血换来的财富回报给社会，而他们自己所享受的财富却甚少。像巴菲特，虽然富甲天下，却一直住着小房子，开着最普通的汽车。然而在慈善事业上却从来不小气，他用自己巨额的财富成立了慈善基金，用于社会事业与公众福利。这种伟大的慈善之心，正是来自他对社会的感恩之心。

不只是对人、对社会需要感恩，甚至对眷顾过你的命运，乃至给过你巨大挫折的命运也都需要感恩。

霍金被世人誉为"在世的最伟大的科学家之一"，他的人生经历是不屈服于命运的奇迹。因为患有卢伽雷氏症，他终生被禁锢在轮椅上，只有三根手指可以活动；又因为肺炎手术，他被彻底剥夺了说话能力，演讲与问答只能通过语言合成器来完成。在一次学术报告后，一名记者问大师："霍金

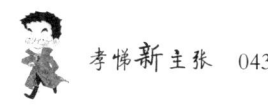

先生,疾病已经将您永远禁锢在了轮椅上,您不觉得命运让您失去了很多吗?"

对于这个尖锐的问题,在场的很多人都觉得太过失礼,不知会不会因为问到大师的痛处而让他不满。

可是,仅仅过了一会儿,霍金就给出了他的答案:

"我的手指还能活动!我的大脑还能思维!我有终生追求的理想!我还有爱我和我爱的亲人与朋友!"

全场立刻响起了雷鸣般的掌声。这就是一个只有三根手指可以活动的人给出的答案。虽然饱经生活的磨难,可他残弱的身躯下依然有着一颗温暖的心。一个人,该有多么强大的精神力量才能如此骄傲而温情地面对如此坎坷的人生!就连提问的记者也激动地为霍金鼓起掌来。

在众人雷鸣般的掌声中,霍金又补充了一句:

"对了,我还有颗感恩的心!"

这不只是对坎坷与磨难的超越,更是对命运与寰宇的包容!

所以,感恩是一种卓识,非超越者不能,非伟大者不能!

◎ 沧溟寄语:

孝是一种感恩,感恩是一种卓识。对父母感恩,对友人感恩,甚至对陌生人、对社会、对命运常怀感恩之心,才能彻底激发一个人内心深处温暖与坚韧的力量。一个不知感恩的人会被温暖抛弃,一个不懂感恩的人会与幸福无缘。

孝顺等不得

家训名言：

奉亲最急也,啜菽饮水尽其欢,斯之谓孝。
祭祀最严也,疏食菜羹足以致其敬。

南宋·陆九韶《居家制用》

沧溟先生说：

人生最无奈的事，是树欲静而风不止。

人生最悲哀的事，是子欲养而亲不待。

有一次，孔子带着学生正在赶路，突然，前面传来一阵阵哭声。孔子对哭声向来有着深刻的研究，他仔细地倾听片刻，便对驾车的学生说："快赶车，快赶车，前面有贤人！"

弟子很奇怪，不过是一个路人在哭，有什么值得大惊小怪的呢？于是弟子表示不解，孔子摇摇头说："这个哭声不简单，其中蕴含着深刻的道理，去了解一下你们就知道了。"

来到近前，孔子看路旁一个身披粗布、手执镰刀的男子正在道旁哭泣。孔子仔细一看，认出了此人正是当时赫赫有名、学养深厚的皋鱼。

孔子下车问皋鱼:"皋鱼啊,家中莫非有丧事?为什么你哭得如此悲伤?"

皋鱼对孔子施了礼,噙着泪回答说:"我哭,是因为我悔恨,我的人生犯下了三个不可挽回的过失啊!"

孔子看了看身边的弟子,又看了看悲哀的皋鱼,等待他说下去。

皋鱼陷入深深的自责之中,他伤感地说:"我年少的时候为了学习,去周游列国,四方求学。所以没有把照顾、奉养父母放在第一位,这是过失之一;后来,我学有所成,又为了自己的人生理想四处奔波,更没能在父母身边尽孝,这是过失之二;我这一生,跟朋友交情深厚,却不经意间疏远了亲人,等到我意识到应该好好儿侍奉双亲时,他们却离开了人世,这是过失之三。现在,树欲静而风不止,子欲养而亲不待!我幡然醒悟,想好好儿地孝敬父母的时候,父母却已经永远离我而去了!逝去而不能追加的是岁月,失去而不能再见的是亲人。请允许我从此离别人世去陪伴我逝去的亲人

吧！"

说完,皋鱼声音渐弱,没一会儿,竟坐在道旁离开了人世,脸上还挂着悔恨的泪水。

后来,孔子对弟子们说:"你们要以皋鱼为戒啊。他的经历足以让你们认识到:孝顺是一件等不得的事啊!"

这件事在《孔子家语》与《韩诗外传》中都有记载。而皋鱼所说的"树欲静而风不止,子欲养而亲不待"已成为中国孝文化中的千古名言。

事实上,中国人对这句名言之所以如此认同,是因为我们在成长的过程中都会或早或晚地发现,孝顺真是一件等不得的事。就像唐太宗所说"父之爱子,人之常情",而子之忠孝,有待教训。父母对子女的爱,完全出于天性,自始至终,无不具备。可子女对父母的孝心,却要在成长的过程中逐渐形成。我们年少的时候,虽然大多也知道要孝顺父母的道理,可并不能完全发自内心地深刻体会。而等到历经人世的沧桑,丰富了人生的阅历,充分理解体悟到要孝顺敬养父母时,他们却已经老了,甚至离开我们,去了另一个世界。那时,无尽的悔恨与遗憾会伴随着无处落实的孝心,成为我们生命中不能承受之重。

国学大师季羡林就曾在一篇散文中提到,他年轻的时候看到母亲身体还可以,就想一切以学业为重,等到自己大学毕业后再好好儿报答操劳了一生的母亲。可是等到他学业有成、欲报亲恩时,母亲却得病去世了,他为此感到深深的歉疚,并深感"子欲养而亲不待"是人生中最难承受的深切悲哀。

所以,在及时行孝这件事情上,最为人称道的是宋代的包拯。

包拯被世人称作"包青天",他为官铁面无私,不畏强权,是千百年来百姓心目中的"青天"。可他的"青天"之路却曾因"子欲养"而中断过十年。

包拯少年时备受父母疼爱,他自己也很争气,从小就知书达理,性情敦厚,并以孝闻名。到了二十八岁的时候,他考中了进士,被任命为江西永修的知县。包拯是安徽合肥人,要远离家乡去任职,他不放心家中年迈的双亲,于是决定带

父母一起到江西去。

可是两位老人年事已高,心中实在不愿离开故土。包拯看出了父母的心思,考虑到自己为国尽忠的日子还长,而随着父母的年纪越来越大,自己行孝的日子却渐短,自己怎么能只顾前程,而让老人远离故土呢?

包拯感念父母之恩,毅然决定向朝廷辞去官职,在家照顾父母。

包拯辞官奉养双亲的举动传开后,受到朝廷上下的一致赞扬。他在皇帝的恩准下回到家乡,专心侍奉父母。整整十年之后,三十八岁的包拯在父母离世后才重新踏上仕途,开始他的"青天"之路。

虽说包拯辞官孝亲之举不免有违人的社会价值的实现,但从另一个侧面告诉人们,越早明悟孝心、越早懂得孝敬的人,会越早彻悟人生的智慧与道理,也就会越早踏入良性的成长之路,获得成功的契机。其实,孝是一种修炼,所以越早越好。而我们的父母也正在慢慢老去,所以孝顺更是等不得的事。

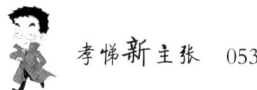

◎ 沧溟寄语：

孝顺等不得。一方面,我们的父母正在慢慢老去,每等一天,便会积下一天的遗憾;另一方面,越早明悟孝心、越早懂得孝敬的人,会越早彻悟人生的智慧与道理,也就会越早踏入良性的成长之路,获得成功的契机。

百善孝为先

家训名言:

孩提知爱,稍长知敬……一孝立,万善从,是为肖子,是为完人。

明·姚舜牧《药言》

沧溟先生说：

中国古人有句超级有名的名言，叫"万恶淫为首，百善孝为先"。

为什么"万恶淫为首"？因为"淫"与"秽"相关，淫秽就是置身于最肮脏的境地，一个人的人生就此被彻底污染了，生命还有什么价值，还有什么指望呢？所以成长的过程最需要洁身自好！

为什么"百善孝为先"？因为孔子说："孝，德之本也。"孝是一切道德的基础。人，是一切社会关系的总和。所以人的社会性决定了我们必须要与人共处。父子、夫妇、兄弟、君臣、朋友，这五种关系被儒家称为"五伦"，儒家认为这五种关系是其他一切关系的基础，而父母与子女的关系又是这"五伦"的基础。只有有了"孝"的基础，才能"五伦"和谐；只有"五伦"和谐，才能让一切社会关系都趋向和谐。

当然，儒家的"五伦"关系中有很多封建糟粕的东西，可亲人、朋友间应该追求和谐的人际关系却是颠扑不破的真理。

有一个现代意义上的狼人，被称为"毛孩"。他从小被遗弃在山野中，因为机缘巧合，被狼群抚养大，一直跟狼群一起生活。后来科学家发现了毛孩的踪迹，想方设法将他从山野中解救出来。

回到人类社会的毛孩，因为不会与人沟通，对周围的一切都充满了敌意。不论是对解救他的科学家，还是对每日照顾他的工作人员，他都充满了敌意。后来，在人类居住的环境中，毛孩一旦稍有自由，就表现出极大的攻击性来。

科学家为了改变毛孩的"狼性"，呼唤出他作为人的本性，想尽了办法，可大多都没有效果。有些研究人员甚至认为，由于狼族生存环境的原因，毛孩的智商会停留在两三岁

幼儿的水平,其人性回归的可能性最终会变得极其渺茫,更别说让他具有人类的道德观念了。

后来,有人无意中将毛孩与一只温顺的大狼狗放在一起玩,毛孩把狼狗当成了自己的亲人,渐渐地竟与"狼狗妈妈"产生了感情。后来因为"狼狗妈妈"的关系,毛孩又与狼狗的主人产生了感情,渐渐地,毛孩终于融入了这种类似于"家庭"的氛围中,其人性终于有了觉醒与回归。

可见,最能唤醒人良善本性的关系就是亲情,是父母对子女的爱,是子女对父母心灵的依赖。

有时候,亲情是将人从深渊中拉回来的最后一丝坚韧的力量。

金庸笔下的杨过是其名著《神雕侠侣》中的主人公,也是武侠小说中近百年来最受大众喜爱的人物之一。

杨过的人格魅力在于他从一个既定的命运悲剧中走了出来,从父辈的阴影中走了出来,从坎坷的命运中走了出来,走成一个"为国为民,侠之大者"的英雄。

杨过的父亲杨康认贼作父,恶行累累,最终死于结义兄弟郭靖与黄蓉夫妇之手。郭靖为杨康之子取名为"过",字"改之",就是希望他不要重蹈父亲杨康的覆辙。可不幸的是,杨过幼年便父母双亡,不知道父亲的过往,只在内心深处觉得自己的父亲应该是个顶天立地的大英雄。

在颠沛流离的命运中,小杨过不管别人怎么说,始终坚定地认为父亲是一个伟大的英雄,所以他的成长伴随着一种强烈的使命意识,那就是为证明父亲的清白而努力。他认为只有这样,他对父亲的孝心才能得到体现。

杨过为此付出了一切,受尽欺凌,尝尽艰辛,可他始终没有放弃。

伴随着这种使命意识,他逐渐成长起来;而伴随着他的成长,他最终了解到事情的真相,即他的父亲确实不是他心目中的英雄,而是历史的罪人。

从此,杨过的内心发生了巨大的变化,充满了痛苦与挣扎,这时的杨过极有可能走向一条自暴自弃的道路。幸好,金庸先生给了我们一个更为合理的结果——杨过痛定思痛,决定要以自己的毕生成就来为父亲洗刷一生的耻辱;要

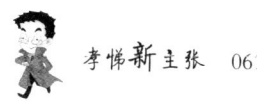

用自己的人生,来重新换回父亲的英名。

最终,他真的做到了,不仅成为一个让世人景仰的大侠,也为他的父亲赎了罪。

为什么说金庸先生的这个写法更合理呢?

答案很简单,因为杨过是一个孝子,他内心深处对亲情的依赖与回归,是中国式的,是最合乎中国文化特点的。

所以,明代的姚舜牧在家训里说:"一孝立,万善从,是为肖子,是为完人!"毫无疑问,这是夸张的说法,因为人无完人。但其之所以强调这一点,就是因为儒家无比看重这样的人际关系,以为这是一切关系的基础与出发点。而有了这种良善的人际关系,才可能拥有良善的社会关系,也才可能最终实现理想的大同社会。

因为能对父母孝,于是就可以"老吾老,以及人之老"。因为人人都能尊老爱幼,所以这个世界会变得更加美好。

◎沧溟寄语：

生命的真相，在于生命与生命之间存在着各种各样纷繁复杂的关系。其中，最亲、最近、最重要的一种关系，就是父母与子女之间的关系，孝就是理顺这种关系的法宝。如果这种最亲、最近、最重要的关系都理不好，那么其他的关系也就无从谈起。所以，百善孝为先。

孝不在物质

家训名言：

养不必丰，要于孝。利虽不得博于物，要其心之厚于仁。

北宋·欧阳修《泷冈阡表》

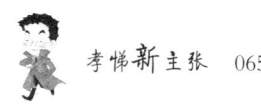

沧溟先生说：

有一则公益广告，看了让人心酸。

大概是个周末，母亲在厨房里开始忙活做饭，因为儿孙们原定要在这一天一起回家来吃团圆饭。母亲正忙活着，突然电话铃响了，母亲赶快从厨房里走出来接电话，拿起电话时脸上流露出微笑与期盼，那是一种能与家人共享天伦之乐的幸福感。

可是电话里传来儿子歉疚的声音："妈，说好今天要回家看您的，可是公司今天要请客户吃饭。微波炉您用得还方便吗？还缺什么吗？"

母亲虽然隔着电话，却像在眼前那样边摆着手边急着说:"什么都不缺！什么都不缺！"目光里溢满母亲独有的慈祥。这时电话那头突然插入小孙子活泼阳光的声音:"奶奶,我今天考完试跟同学去游乐园玩。奶奶,再见！"

奶奶听见小孙子的声音,只来得及回答了一声,电话那头就挂断了。在"嘟嘟"的忙音里,母亲收起僵硬的笑容,慢慢放下了电话。

一会儿,母亲已经做好了一大桌丰盛的饭菜。就在这时,电话又响了。母亲拿起电话,只听见女儿清脆的声音:"妈,家庭影院看得怎么样啊？我去健美班,今天不回家了。"

老人缓缓地放下电话,自言自语地说:"忙！都忙！"然后又自我安慰地说:"忙点儿好啊！"

守着一大桌没有人吃的饭菜,守着一大间空荡荡的屋子,母亲看着女儿买来的家庭影院,直到夜深,直到电视节目没有了,屏幕上只剩下一片雪花,孤单的母亲还披着外套蜷坐在沙发的深处,已经在孤独寒夜里不知不觉地睡着了。

广告最后的画外音充满了温情——别让你的父母感到孤独！常回家看看！

每次看到这则公益广告,心中都感慨万千。广告里的儿子为母亲买了微波炉,女儿为母亲买了家庭影院,可能他们为母亲买的东西还远不止这些。可是买的东西再多再好,就能代替儿女应尽的孝心吗?

中国的古人早就认识到了这个问题,北宋有个郑氏,人们不知其名,只知其姓,但她的儿子却是鼎鼎大名的欧阳修,她的教子语录也是因为欧阳修在名作《泷冈阡表》中回忆母亲而得以流传下来的。

欧阳修四岁丧父,是母亲郑氏把他一手拉扯大的。其母郑氏也被称为中国古代的四大贤母之一,"芦荻画字"的故事至今为人传颂。

小时候,欧阳修与母亲孤儿寡母艰难度日,因为家里穷,根本上不起学。郑氏读过几年书,开始是给儿子讲故事,教给欧阳修做人的道理;后来看欧阳修渐渐长大,却上不起学,读不起书,心中不免着急、难过。

有一天,郑氏看到河岸边细长坚韧的荻草,不禁心中一动,于是折断芦荻在细沙上画字,以此来教小欧阳修认字。

小欧阳修由此走上了学习、成长的道路。

后来,欧阳修成了天下名臣,却不忘母亲的抚育之恩,侍母极孝,是当时闻名的孝子。可是,每次欧阳修要买好东西来孝敬母亲时,母亲郑氏都不是很高兴。

郑氏对欧阳修说:"你坚持理想,不苟且迎合世人,将来一定会经历坎坷与磨难。只有俭约些,你才能度过将来可能会遭遇的困境啊。况且,你父亲去世后,我们一直勤俭度日,就算现在家境富裕,也没有必要为我大手大脚。真正的孝顺,是你能做一个好人,才不辜负我们对你的期望。"

后来,欧阳修参加范仲淹领导的庆历新政,锐意改革,造福苍生,得罪了不少小人,触犯了许多地主阶级的利益。庆历新政改革失败后,欧阳修也受到了牵连,仕途不顺,家境越来越贫寒。

这时,母亲郑氏反而笑着安慰欧阳修说:"我们家本来就是勤俭度日,我早已习惯了这种生活。你能安乐对待,母亲我就能同样安乐而幸福啊!"

因为生活的窘迫,郑氏不久之后因病去世。作为儿子,

欧阳修在思念母亲的同时，牢牢地记着母亲说过的那些至理名言，其中就有"养不必丰，要于孝。利虽不得博于物，要其心之厚于仁"。

孝，不在于物质，而在于孝心；仁爱，也不在于物质，而在于仁爱之心！这就是郑母的训子名言，也是中华孝文化的名言与精髓。后来，这句名言被孝子欧阳修刻在了其父母的墓碑上，至今还警醒、教育着后人。

◎ 沧溟寄语：

钱不是万能的。钱能买来食物，却买不来胃口；钱能买来床，却买不来睡眠；钱能买来婚姻，却买不来爱情；钱能买来物品，却买不来孝心。孝顺父母，孝顺老人，要靠日常生活的点点滴滴，要靠关心、呵护与温情。用钱和东西来替代孝心，其实是变相地逃避责任。

孝不是盲从

家训名言：

为人父者，能以他人之不肖子喻己子；为人子者，能以他人之不贤父喻己父。则父慈而子愈孝，子孝而父益慈。

南宋·袁采《袁氏世范》

沧溟先生说：

孝顺是不是就是听话呢？

孝顺是不是爹妈让干什么就干什么呢？

其实不然。

有一种最可怕的"伪孝"，就是封建社会所提倡的"君君臣臣，父父子子"。因为在这里，孝顺只是一个骗人的幌子，封建卫道士们把"忠""孝"混为一谈，就是要培养奴才式的服从。

其实，真正的孝并不是"一味地听话"。连孔子都说："事父母几谏。"也就是说，父母如果有缺点，有不足，做孩子的就要向父母提出来，这样才能帮助大人们继续成长与进步，才是真正的孝顺。

当然,"几谏"要讲究方式、方法,并非一味地顶撞、简单地冲突。

明太祖朱元璋的儿子朱标是明代有名的孝子,可是朱元璋这个爹对这个孝顺的儿子却无比头痛,因为朱标也实在有"坑爹"的天赋。

朱元璋很疼爱朱标,准备把皇位传给他,于是立朱标为太子,并让大学者宋濂当朱标的老师。可是朱标身体不是太好,是个标准的文弱书生,比起他彪悍的爹来相差甚远。

朱元璋的彪悍不只体现在他从一个小和尚奋斗到了大明开国皇帝的人生经历上,更体现在他当皇帝之后的举动上,像著名的胡惟庸案、蓝玉案牵连甚广,被杀的人数以万计。后来诸多开国功臣都受到牵连,连太子朱标的老师宋濂也不能幸免。正是"飞鸟尽,良弓藏;狡兔死,走狗烹"。

最后,当人人自危时,文弱的太子朱标站了出来,坚决抵制父亲的铁血与无情,并直面朱元璋的愤怒,批判父亲不该滥杀无辜。

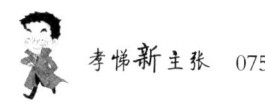

从来没有人敢忤逆朱元璋的意图。因此,当朱元璋看到自己的儿子站出来批评自己时,他感到很意外。他冷下脸来让人拿来一根荆条,扔在朱标面前,然后冷冷地说:

"把它给我捡起来。"

朱标看着满身是刺的荆棘,不明所以,心想:我又不是荆棘鸟,捡这玩意儿干什么?况且这带刺的荆棘确实也无从下手,他就没有去捡。

朱元璋得意地看着儿子说:"没法捡是吧?很简单,我把这些刺给你砍掉,你将来不就好拿了吗?没有这样的手腕,你将来怎么治国?"

原来,朱元璋的意思是,那些开国元勋功高盖主,就像荆条上的棘刺一样,即使没犯什么错,也要早早除掉为好。现在老爹我帮你这么做,是为你好,你反倒出头批评老爹,这不是"坑爹"是什么?

可是朱标并不认这个理儿,他认为老爹再有理由,这么做也不免有违公平与正义,这并不是真正的治国之道。于是,他对自己威严的皇上老爹讽刺地说:

"有尧舜之君,才有尧舜之民!"

尧与舜是古代最贤明、正直与伟大的君王。正是因为他们自身的贤明与正直,才有了那个时代万众一心、万民臣服的盛世。朱标的意思是说"上梁不正下梁歪",老爹你现在怀疑"下梁们"有问题,心欲除之而后快,这说明你这个"上梁"也有问题,甚至你这个"上梁"才是问题的根本、万恶的根源。

朱元璋先是愣了一下,然后回过味来,气得他七窍生烟,拎起身旁的板凳,冲着太子朱标就砸了过去,朱标连忙退后避让。朱元璋气不过,甚至拔出剑来要刺儿子。朱标转身就跑,朱元璋随后就追。

一跑一追,突然,一个关键的小道具出现了——在朱标的袖筒里忽然掉出了一幅图卷。朱元璋看着地上的图卷,竟一下子停住了脚步,愣了半晌,然后径自落下泪来。后来他原谅了儿子对他的冲撞,在朱标的多次劝谏下,他也终于放下了屠杀功臣的屠刀。

原来,那幅图卷画的是当年朱元璋打天下时的经历。有

一次战败逃难,朱元璋身受重伤,他的结发妻子,也就是朱标的母亲——大脚马皇后硬是背着朱元璋逃出了关外。马皇后与朱元璋感情笃深,又去世得早,朱元璋常常思念她。此刻盛怒之下,朱元璋突然见到这幅"马背朱",不禁触动了他柔软的心弦,对儿子的怒意也随即冰释。

这就要说到朱标的聪明之处。他了解父亲的性格,也知道皇权的威势,但他还是要劝谏父亲,不让父亲在错误的路上一直走下去,所以他既做好了直面劝谏、晓之以理的准备,又做好了旁敲侧击、动之以情的功课。果然,既化解了危局,又保全了自己。

虽然朱标因久病缠身,以至于还没来得及登基继承皇位就已仙逝,可是明代后世子孙还是尊称他为"孝康皇帝"。用"孝康"两字做尊称,说明在后人的眼中,朱标才是有大孝之德的人。如果一味盲从,如果唯命是从,如果看着自己的父亲在错误的路上越走越远,以致被后人唾骂,被历史恶评,这样的朱标又怎能被称为"孝康"呢?

事实上,一味盲从的"孝子"们有时是既害人,又害己。

新文化运动的两位干将鲁迅和胡适都是民国时期著名的孝子,他们在自己的婚姻问题上就不敢违背母亲的意愿,在"父母之命,媒妁之言"的束缚下,饱尝了包办婚姻的种种苦果,给自己,也给别人的人生带来了不幸和遗憾。

所以,连这些伟大的先行者们也不能完全做到"事父母几谏",可见,要做到不盲从的孝,还真是不简单!

◎ 沧溟寄语:

作为家长,总是希望孩子事事要听话,其实这是一个误区。人无完人,父母也并非总是正确。孩子有错误的时候,父母总是希望能帮助其改正;同样,父母有不足之处,作为孩子,也应该帮助父母进步与提高。人生是一个永不止息的成长过程,能在自己成长的过程中帮助父母成长,这才是孝的大智慧。

孝不是表演

家训名言：

人之孝行，根于诚笃……以声音笑貌谬为恭敬者，其不为天地鬼神所诛则幸矣，况望其世世笃孝而门户昌隆乎！

南宋·袁采《袁氏世范》

沧溟先生说：

古代孝文化中,有一种最为糟粕的封建思想,就是——伪孝。

儒家标榜孝道与孝顺本来是件好事,可是有些人却因为怕被人指责不孝而伪装行孝。更有甚者,竟想通过孝的表演获取好名声。这种带着功利性的目的去展示给别人看的所谓的孝,就是一种伪孝。与之相关的所谓忠与善,同样也是一种伪忠与伪善。

这种伪孝真是可怜、可悲又可笑,鲁迅先生曾在他的名作《朝花夕拾》里给予过辛辣的讽刺与批判。他重点举出的两个例子,就是出自古代著名的二十四孝故事中的老莱娱亲与郭巨埋儿。

老莱子据说是春秋时的楚国人,他七十多岁的时候父母都还健在,并与他在一起生活。

说起来,人生七十古来稀,老莱子也算是长寿之人,所以才会被称为"老"。可是在父母面前,这位已经被人尊称为"老"的老莱子却像一个刚刚出生不久的婴儿一样。这是何故呢?

原来是有一次,父母看着老莱子已经花白的头发,叹气道:"连儿子都这么老了,我们在世的日子恐怕也不会长久了吧!"

老莱子听到此话后怕父母担忧,想通过某种方式来尽自己的孝心,减轻父母的焦虑。这个出发点本来也无可厚非,只是他想到的方式与表现出来的手段也太过极端,以致千百年来被人评说不断,争论不休。

老莱子心想,父母是看到连自己都已经老到这般地步,所以才生出伤感的念头。如果自己扮成小孩儿的模样,他们一定会觉得时光倒流,仿佛回到了青春时光。于是,他专门

做了一套五彩斑斓的花衣裳,没事就穿在身上。不仅如此,在父母面前,穿着彩衣的老莱子还会学着小孩子的样子走路、跳舞、说话,以博父母一笑。

有一次,他为父母取水喝,不小心摔了一跤,有些书上甚至讲他是"诈摔",也就是故意摔了一跤。摔倒后,他立即学着婴儿的样子,大声啼哭起来,甚至边哭还边学着婴儿的样子在地上打滚儿撒娇。

父母终于笑了,说:"莱子,你真好玩儿啊!"

为了不让父母担心,为了博得父母一笑,老莱子匪夷所思地以七十高龄身着彩衣,摔婴儿跤,仿婴儿哭,撒婴儿娇,这到底算不算是真正的孝顺呢?

鲁迅先生说,即便是在他小的时候,读到老莱娱亲的故事,也不免大吃一惊,总觉得太过离奇。鲁迅先生曾经感慨地说:"如果这是孝顺的话,反正我是做不来的。"

为什么做不来呢?

鲁迅先生的答案是——因为这是让人想起来就浑身直起鸡皮疙瘩的事!

其实，鲁迅先生的评价不过就是一个字——假！

如果说老莱娱亲还只是作秀，那么郭巨埋儿则涉嫌谋杀了。

据干宝的《搜神记》记载，郭巨是汉代人，虽然家里不富裕，但也不至于穷困潦倒，只是因为分家的原因，导致家境败落下来。郭巨是一个孝子，与兄弟分家后，他与妻子承担起奉养母亲的重任。为了奉养母亲与谋生，他们夫妇还要为别人打工。

后来，郭巨的妻子生下一个儿子。奶奶有了孙子，自然非常喜欢。因为家境不富裕，奶奶总会省下口粮来，让小孙子多吃一些。当小孙子长到两岁多的时候，日子过得越发艰难，郭巨就与妻子商量说："你看，自从有了儿子，我们要分出很多精力来照料儿子，这样照料母亲的时间就少多了。而且母亲为了孙子，总是少吃很多粮食。母亲吃不饱，我岂不是不孝啊！要是没有这个孩子，母亲不至于饿着，我们也有更多的时间来照料母亲，我看不如把这个孩子埋了吧！"

郭巨的妻子虽然百般不愿意，但在封建社会"嫁鸡随

鸡,嫁狗随狗",女人本来就没有话语权,于是郭巨打定主意要把儿子活埋掉,而一个两岁的孩子又完全不能抗拒这样的命运,于是,一出所谓因孝埋子的悲剧就此上演。

一天,郭巨瞒着母亲,抱着孩子来到野外,准备挖一个小坑把两岁大的儿子活埋。他刚挖到一半,突然挖到一个罐子。

原来,是天帝知道了郭巨的事情,特地放了一罐金子在土里,以褒扬郭巨的孝心。郭巨挖到金子后喜出望外,这一下就有足够的钱来奉养母亲了,他的儿子也幸免于难。

对于这个故事,鲁迅先生在《朝花夕拾》里写道:"我最初实在替这孩子捏一把汗,待到掘出黄金一釜,这才觉得轻松。然而我已经不但自己不敢再想做孝子,并且怕我父亲去做孝子了。"

其实,鲁迅先生的评价不过就是一个字——狠!

如果说,老莱子的假实在有违常理,那么郭巨的狠就实在是有违人性了。连亲生的儿子都要活埋,就算再有多么堂皇的理由,这种对生命的漠视,也实在让人心寒。所以,这种

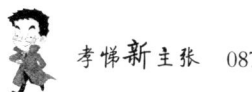

连对生命最基本的尊重都没有的人去行的孝,也不过是做给世人看的表演,就算他们自己能说服自己,也不过是自欺欺人罢了。

◎ 沧溟寄语：

孝行,要发自本心,更要发自诚心。如果把孝行当成一种表演,一种秀,甚至当成一种邀名的手段和吸引眼球的方法,这种孝的表演,本身就充满了虚伪和欺骗,既自欺又欺人。伪孝,不仅不孝,而且是一种伪善。

齐家方能成大业

家训名言：

德修而行立，行立而名成，只在家庭中做起。

清·钟于序《宗规》

沧溟先生说：

古代儒家为什么那么重视孝道呢？

因为，孝是一种修炼，孝是一种修身。同时，孝又是"齐家"能否成功的关键。能"孝"，就能"齐家"；能"齐家"，就能"治国平天下"。于是，儒家的人生理想"修身、齐家、治国、平天下"，竟是步步也离不开孝的。

儒家最讲究孝，而开启这个传统的正是儒家的圣人孔子。孔子与弟子谈孝道，表面上说的是家庭的事，其实事事都影射着社会与国家。

比如，孔子有两个学生都以孝顺著称，一个是高柴，另一个则是大名鼎鼎的曾参。曾参被后世儒家尊称为"曾子"，备受后人推崇的《孝经》一书就是曾参整理出来的。

高柴是一个非常有孝心的孩子，而且还是一个情感非常丰富的人。他在双亲过世的时候，悲痛得情绪失控，完全沉浸在痛苦中，每日以泪洗面。到了后来连眼泪都哭干了，可他还是不能控制自己的情绪，每日哭个不停，最后他眼中哭出的已不再是泪水，而是血水。

他的老师孔子知道后，很不高兴地评价说："柴也愚。"

孔子说，高柴这样的举动实在是太愚蠢了，因失去双亲而悲伤这本来没有错，可高柴居然为此完全放纵了自己的情绪，以致伤害到自己的身体，这样做实在对不起他逝去的双亲，因为父母在天之灵也一定不愿意看到儿子因为伤心而伤身，甚至因此终日无所作为。

孔子对高柴说，真正的孝顺之人应该做出一番事业来，应该成为一个有价值的人，这样父母的在天之灵才会得到安慰。所以儒家主张"身体发肤，受之父母"，应当好好儿珍惜。只有拥有强健的体魄和健全的人格，才可以成就人生的伟业，回报父母的养育之恩。

对于高柴的孝行,孔子对他的批评是一个"愚"字。而对于曾参,孔子的评价是"参也鲁"。

"鲁",是鲁直的意思,当然比高柴的"愚"要好一些,但也好不了多少。

曾参的父亲叫曾点,是个脾气暴躁的人。他对曾参的教育很严厉,动不动就大声呵斥,有时急起来甚至会拿起棍子来教训儿子。

曾参拜在孔子门下学习了一段时间之后,懂得了要孝顺父母的道理,于是,每次父亲发火打他的时候,他为了让父亲消气,就一动不动地任由父亲打,甚至有时被打得遍体鳞伤。

孔子知道后批评曾参说,你这样任由父亲打,万一被打出了问题,一来损害了健康,影响你个人的生活,这种不爱护自己身体的行为本身就是一种不孝;二来万一父亲失手打死了你,这岂非也让你父亲担上杀子的恶名,被世人指责,这不也是一种不孝吗?

曾参听了之后,觉得老师讲得很有道理,于是下次父亲再发火要打他的时候,他就迅速逃走。但这让父亲更加生气,邻居们也纷纷议论曾参,说他连父亲的教训都不能面对。

曾参很困惑,又来请教孔子,为什么留下来挨打不对,逃避挨打也不对呢?

孔子叹口气说,曾参呀,你也太不知变通了!聆听父亲的教诲是天经地义的事,怎么能一看父亲发火就逃开呢?你既要学会保护自己,还要保全父亲的名声和颜面,所以面对父亲的怒火要灵活应对。父亲要打你的时候,你应该机灵点儿,先看看棍子的粗细大小:要是棍子大的话,就赶紧避开;要是棍子小的话,不会伤筋动骨,就让他打两下。这叫"大杖则走,小杖则受"。这就是孔子教给学生面对父亲怒火时的灵丹妙药。

表面看来,孔子对高柴与曾参的批评只关乎家庭琐事,而且孔子给出的解决办法也很有趣,并不关家国天下什么事。可是,孔子对高柴"柴也愚"的批评,以及对曾参"参也鲁"的批评并不是孤立的,他紧接着还批评了两个人,一是

"师也辟",这是说学生子张的性格比较孤僻、偏激;一是说"由也喭",这是说学生子路的性格粗野,好冲动。

子张的孤僻、偏激与子路的粗野、冲动,似乎与高柴的愚、曾参的鲁没有关系,孔子之所以把他们放在一起批评,是因为孔子对这四个学生寄予了厚望,希望他们能实现自己治国平天下的理想。之所以指出他们修身过程中的不足之处,是因为这些不足之处会影响他们的人生,而且会在他们治国平天下的过程中产生很大的负面作用,这才是孔子最担心的。

这样一来,子张与子路的性格缺陷自不必说,而高柴与曾参在家庭生活中所表现出的不足就更值得人重视与反思。所以,孔子在批评四人时,先批评了高柴与曾参在孝行上反映出的不足,然后才说到子张与子路的性格缺陷。可见在孔子以及儒家思想中,这种通过修身齐家来提高自己治国平天下能力的方式有多重要。

这样一来,家庭生活的和谐与孝行的修炼,其实就成了治国平天下的重要预演。所以说,古代儒家文化中"家"与

"国"总是联系在一起的,行孝是关乎国家、关乎天下的大事。

◎ 沧溟寄语：

从空间的角度看,中国人提倡"家国天下";从时间的角度看,中国人喜欢说"家春秋"。可见,中国人的"国"与"家"是息息相关的,中国人的历史也与"家"是息息相关的。所以家庭生活的和谐与孝行的修炼并不只是一家、一户、一人的小事,而是关乎国家、关乎天下的大事。

孝是定海神针

家训名言：

夫孝敬仁义，百行之首，而立身之本也。孝敬则宗族安之，仁义则乡党重之。

三国·王昶《家诫》

沧溟先生说：

在中国古人看来，孝顺不是一人、一家、一户的事情，而是关乎国家发展的重大事情。所以儒家提倡"以孝治天下"，历史上充分践行了这个主张的帝王就是汉文帝刘恒。

说起来，刘恒虽然生在帝王家，却也十分不幸。

刘恒是汉高祖刘邦的第四个儿子，但并非刘邦的正妻吕后所生。刘邦共有八个儿子，刘恒是其中最不引人注目的一个，这一切都与他母亲的出身有关。

刘恒的母亲姓薄，史书上称为"薄姬"。刘邦打败魏豹后，薄姬被纳入其后宫。一次偶然的机会，薄姬怀了龙种，生下了刘恒。可不论是刘邦还是吕后，对出身卑贱的薄姬都十分轻视。因此刘邦活着的时候,薄姬在后宫始终是地位低贱的"姬"。

因为母亲的地位卑下,刘恒也不受刘邦的重视,所以他从小就形成了谨言慎行的性格。但刘恒对母亲却是极孝顺的,因为没人重视他,这反倒给了他充分的空间与自由,让他与母亲相依相守,共度平静的生活。

刘邦死后,吕后擅权,把天下搞得乌烟瘴气。吕后一死,大将周勃与丞相陈平果断出手,镇压诸吕叛乱,之后商定迎立仁孝宽厚的代王刘恒继承帝位。

刘恒本来远身避祸,唯恐避之不及,现在却莫名其妙地当了皇帝。可是这种"天上掉馅儿饼"的事,弄不好,就会变成"天上掉陷阱"。

果然,朝廷内周勃功高震主,朝廷外不时有诸王叛乱,刘恒面对动荡时局,貌似绝处逢生,其实却危如累卵。

聪明的刘恒少经磨难,毕竟不是纨绔子弟,他很快便想到"两手抓,两手都要硬"的应对方法。

一手是强权。

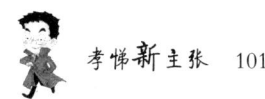

刘恒迅速削弱了周勃等人的实权,将兵权与政权牢牢掌握在自己手中,同时又重封厚赏,安抚朝廷原有的旧臣,团结了人心。紧接着,他又出兵平叛,陆续消灭了各地的反叛势力,消除了迫在眉睫的隐患。

可大乱之后人心不稳,若不能彻底改变社会的精神面貌,危机便没有真正解除。

于是,这就要提到刘恒的另一手了,这就是"以孝治天下"。

刘恒登基后,薄姬自然成为薄太后。虽然贵为皇帝之母,但薄太后依然不改勤俭自持的本色,为天下人树立了一个优秀的榜样。

然而因为终日操劳,有一天,薄太后终于病倒了,而且病得很重,三年卧床不起。这下可急坏了身为皇帝的大孝子刘恒。虽然贵为皇帝,但刘恒完全不顾他的身份,充分展现出一个孝子的赤诚之心来。

整整三年时间,刘恒常守在母亲的床前嘘寒问暖、悉心照料。御医为母亲开的每一味药,他都要亲自过问。不仅如此,他还亲自为母亲煎药。等到药煎好的时候,他还要亲自尝一尝、试一试,看看药汤烫不烫、苦不苦。自己觉得差不多了,才放心地给母亲喝。

在孝子刘恒的精心照料下,三年后,薄太后终于痊愈。

刘恒的孝心感动了天下百姓,人们纷纷传颂皇帝的孝行,认为有这样的君王,国家才有希望。由于万民臣服,刘恒的各种主张与政令推行起来再无半点儿困难。

正所谓上行下效。因为刘恒自身孝闻天下、品德高尚,全社会的道德教育推行起来再无困难,整个社会的精神面貌也表现出昂扬、积极的一面。从此,汉王朝才真正消除了内忧外患,整个社会的发展进入了可喜的良性循环。

正是在刘恒的带领下,中国封建社会进入了第一个盛世,刘恒也因其孝行被尊称为"孝文皇帝"。后来,他的儿子汉景帝也完全继承了他以孝治国、以德治国的主张,历史上将此盛世称为"文景之治"。

所以,不论对小家,还是对国家,孝是定海神针。

◎ 沧溟寄语：

孝顺，不是一人、一家、一户的小事情，而是有关社会精神面貌，有关国家发展的大事情。如果人人有孝心，则家家有幸福；如果家家有幸福，则社会有和谐；如果社会有和谐，则国家有未来，有希望。所以，孝是一种道，是关乎个人、家庭、社会、国家的一种道。

家和万事兴

家训名言：

肥家之道，上逊下顺。不和不可以接物，不严不可以驭下。

清·曾国藩《曾国藩家书》

沧溟先生说：

中国人常说"家和万事兴"，是说家庭和美的话，做任何事都会成功。请注意，这个"万事"包括了家庭生活，也包括家庭生活之外的所有事情。

为什么"家和"的作用会这么大呢？

号称近代史上最后一代大儒的曾国藩，曾经用一个生动的家庭事例诠释了他的理念。

曾国藩的大女儿名叫曾纪静，曾国藩把她嫁给了袁家公子袁榆生。袁榆生的父亲曾经做过松江知府，家中有很多藏书。曾国藩是个爱书的人，常到袁家去借书，因两家门当户对，曾国藩看袁家又是书香门第，就做主为女儿定了这门婚事。

可是曾国藩也有看走眼的时候。他虽被人称为晚清的相面大师,可他自己却经常自嘲地说,连女婿都没能看准,还谈什么识人之明呢?

原来,袁榆生虽出身书香门第,却是一个标准的"官二代"。他备受父母溺爱,从小游手好闲、不务正业。

袁榆生行为不端、不求上进,曾纪静嫁到袁家并不幸福,而且更大的不幸接踵而来。她嫁过去没多久,袁榆生的父母就双双病故,这一下夫妻二人失去了父母的供养,袁榆生自己又手无缚鸡之力,夫妻二人竟连最基本的生活都维持不下去了。

曾国藩看到女儿、女婿过得艰难,虽然自己在外带兵打仗,还是让人把他们接回了湖南老家。

到了曾家,袁榆生一开始还比较收敛。但江山易改,本性难移,没过多久,他的很多恶习就开始暴露出来。曾纪静婚姻不幸的事也再难瞒得过家人了。于是,曾家上上下下都越来越讨厌袁榆生这个品行不端的上门女婿。

曾国藩当时并不在湖南老家，但他对家里的情况却一清二楚。他远在千里之外，却为此多次专门写信回家，交代在家中主事的大儿子曾纪泽，不论袁榆生的表现怎样，家中上上下下，包括仆人，绝不许对袁榆生不礼不敬，甚至不许在脸上露出不屑的神情。

对此，家里很多人都想不通。曾家门风谨严，家中子弟个个勤劳善良、耕读孝友、努力上进，这在当时是非常有名的。现在来了个上门女婿，身染诸多恶习，品格上的瑕疵人人可见，这样的人在曾家简直就是个异类。曾家免费供养着他，难道还要给他好脸色看吗？

曾国藩写信解释道，袁榆生这个样子，也不是他一个人的问题，而是整个家庭环境的问题。

他首先从袁榆生的个人问题说起。他说，一个人品格与行为习惯的养成，其实跟他生活的环境息息相关。袁榆生虽然有很多缺点、恶习，但要想为他好，希望他改掉那些毛病，成为一个健康的人，就必须给他提供一个良好的生活环境。如果周围的人都鄙视他，那他只会自暴自弃，怎么可能勇敢面对自我、努力向善呢？原来选择袁榆生做女婿，是看中他们家是书香门第、官宦世家，但现在看来他们家的家庭教育环境并不理想。如果现在我们还不能给他提供一个良好的家庭环境，那么他只会陷入恶性循环。

曾国藩又从袁榆生的事情引发开来。他说，不只是袁榆生的成长与改变需要一个良好的、和善的家庭生活环境，家中每一个成员的成长与发展都需要这样一个良性的生活环境。如果家庭成员之间充满了个人偏见、鄙视和仇恨，谁的心态能健康，谁的生活能幸福呢？

就这样，曾国藩从每一个家庭成员的成长谈到了整个家庭氛围的构建。他认为，只有整个家庭充满了和善、理解、关爱、上进的氛围时，这样的家庭环境才是理想的，每一个成员的人生才是幸福并有希望的。

曾国藩还对他的儿子曾纪泽说，不仅一个家庭是这样，一个团队、一个组织、一种事业，皆需要这种氛围的营造。在这种氛围下，每个人才会努力，共同经营的事业才会成功。所以曾国藩在家训里说到"肥家之道，上逊下顺"，这还只是

在谈家庭氛围的营造;而"不和不可以接物,不严不可以驭下"说的已经不仅是家庭生活了,它同样适用于团队、组织与集体的生活。

一种良好的生活环境与理想的生活氛围会产生一种合力,一种动力,使得我们的人生、我们的事业,在不知不觉中踏上良性循环的道路。这就是"家和万事兴"的道理。

◎ 沧溟寄语:

我们每个人都离不开家庭生活环境,家庭环境无时无刻不影响着我们的心态,乃至我们的成长。不论是孩子还是成年人,都会受这种氛围的深刻影响。所以,营造一个和善的、理解的、关爱的、上进的家庭氛围,对于每一个家庭成员来说,都极其重要。

宽容系亲情

家训名言：

处家贵宽容。自古人伦,贤否相杂。或父子不能皆贤,或兄弟不能皆令……惟当宽怀处之。能知此理,则胸中泰然矣。

南宋·袁采《袁氏世范》

沧溟先生说：

中国人的家庭生活，说起来简单，其实十分复杂。

一是因为关系复杂。中国人讲究家国天下，家族文化与宗族文化向来是全社会的文化主体。古时的中国人，七大姑、八大姨，亲戚关系极其复杂，单说亲戚间的称谓就让学习汉语的外国人头痛不已，甚至连很多中国人自己也搞不清。

二是因为情绪复杂。本来家人相处，血浓于水，亲情最容易成为人的情感归宿。可是，因为儒家把家庭关系提升到了社会关系的关键地位，所以在家如在社会，各种利益关系在家庭与宗族中就变得复杂了。比如著名的《孔雀东南飞》

的故事,一般人都以为是出爱情悲剧,其实还是家庭矛盾的映射。

《孔雀东南飞》是汉乐府中的经典故事:有一对青年夫妇,男的叫焦仲卿,女的叫刘兰芝,他们结婚后相亲相爱,可是焦母却并不喜欢这个儿媳,硬是逼着儿子休掉了儿媳。刘兰芝回到娘家后又受到兄长的逼迫,要她另嫁太守的儿子。成婚当晚,坚贞不屈的刘兰芝投河自尽,而焦仲卿听到噩耗后,也上吊而亡。两个人对爱情的坚守感动了双方的父母,他们把这两个被拆散的爱人又重新葬在一起,并在坟墓周围植上松柏、梧桐,引得一对鸳鸯日日相向而鸣。后人以诗纪念他们的爱情,并谴责造成这一悲剧的封建家长。

细读这首诗,我们会发现,历来被人批判的封建家长"焦母",原来也有值得同情的地方。

焦家原是世家贵族,但由于人丁不太兴旺,传到焦仲卿这一代已经是数代单传。焦仲卿与刘兰芝成婚数年,却没有生下一子半女,甚至连一点儿征兆也没有,作为家长的焦母不可能不为这事着急。于是她就张罗着要替焦仲卿另娶东

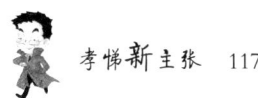

家的秦罗敷。

焦母之所以不喜欢儿媳,除了刘兰芝没生育之外,恐怕还有一个重要原因,那就是厌弃这个儿媳的孤傲性格。

诗里开篇介绍,刘兰芝"十三能织素,十四学裁衣,十五弹箜篌,十六诵诗书",可谓才华横溢。不仅如此,就算是织布,她也能"三日断五匹"。要知道七仙女救董永时,动用了织布女神的法力,不眠不休,十天也不过才织了一百匹布。考虑到神仙与凡人的差别,刘兰芝平均每天能织1.66匹布,这在现如今绝对能获得"五一劳动奖章"或"三八红旗手"称号了。这样杰出的刘兰芝即使在离婚后也同样惹人瞩目,她刚离婚回家就有人来提亲,先是县令的公子来求婚,后来又是太守的公子也来求婚,官宦世家趋之若鹜,丝毫不在乎刘兰芝是离了婚的女人,这在古代绝对少有,只能说明刘兰芝实在是太优秀了。

这样一个杰出女性,在焦母的面前,自然保持着一种无言的骄傲。就算被休,离开焦家之前,刘兰芝还是穿着自己最美丽的盛装,把自己最美、最孤傲的一面展现在焦母面前。她对焦母说,"本自无教训,兼愧贵家子。受母钱帛多,不堪母驱使"。这分明是反话,是气话,甚至是赤裸裸的讽刺。可她面对小姑子的时候,却涕泪涟涟,说:"新妇初来时,小姑始扶床。今日被驱遣,小姑如我长。"这完全是情话,是心里话,是感人肺腑的话。可见,刘兰芝不是不会温柔,不是不会与人沟通,只是面对焦母的时候,她就变成了"冰点美人"。

焦仲卿在县城上班,偶尔回家,还要面对家里两个女人的矛盾。他回到家先是见了老婆,听老婆抱怨自己的母亲如何不公,听完妻子的哭诉后,他立刻到母亲的房间表示抗议。焦母见儿子好不容易回家一趟,先是一头扎进老婆的屋里,然后又来替他老婆鸣不平,自然勃然大怒,不仅敲着床帮子大骂儿子,而且坚决要儿子休掉儿媳。焦仲卿再回到老婆那里,把母亲的命令原封不动地告诉刘兰芝,于是聚散离合的悲剧就此上演,亲人之间的路就此走到了尽头。

应该说,焦仲卿不是一个聪明的儿子兼丈夫。在他生命中最重要的两个女人之间,他本应充当调解的角色,可他却

充当了传声筒与打火机的角色,是他让两个女人间的战争愈演愈烈。

应该说,焦母也不是一个大度的婆婆,刘兰芝更不是一个宽容的儿媳,她们都只看到了对方的不是,却完全不能理解对方的希望与苦衷。

一家人,在相互的折磨与不解中,走向终将悔恨的深渊。

一般人都认为焦母穷凶极恶,因为她命令儿子一定要休掉刘兰芝的"恶婆婆"形象已经深入人心。但其实,这只是焦母的一面而已。实际上,在焦仲卿、刘兰芝双双殉情后,诗里说"两家求合葬",刘家尚有兄长与母亲,而焦家能"求合葬"的却只有焦母了,这说明此时的焦母理解了儿子,更原谅了儿媳。

只是可惜,这样的宽容与理解却来得太晚。

所以,请记住,这个世界上,最需要宽容的,最需要理解的,最需要呵护的,首先是你的亲人、你的家人!

◎ 沧溟寄语：

　　由于中国人特别重视家庭，所以家人之间关系的处理反而容易简单化、情绪化。我们在外往往能温文尔雅，在家面对家人时却往往缺乏理解与宽容。事实上，在这个世界上，最需要宽容、理解，最需要呵护与温柔对待的，首先是你的亲人、你的家人！

我忍 我忍 我忍忍忍

家训名言：

人言居家久和者，本于能忍。
　　　　　　　南宋·袁采《袁氏世范》

沧溟先生说：

冬天到了，刺猬爸爸与刺猬妈妈想要拥抱着互相取暖，可他们满身的刺扎得对方难以忍受。该怎么办呢？

有人说，只有各自拔掉自己身上一半的刺，他们才能享受拥抱的温暖。

可这不现实，不用说拔掉一半，只要拔掉一小半，小刺猬恐怕就一命呜呼了。实际上最好的方法是两只刺猬不停地试探，找到一个合适的距离，既可以体会簇拥的温暖，又可以将对方给予的刺痛控制在可以接受的程度与范围内。

家人之间，有时就像刺猬，每个人都有自己的性格与个性，每个人都有自己的习惯与棱角，就像刺猬的刺，靠得太近时,难免会"扎"到对方,这时候,"忍"就是一种相处的艺术与智慧。

著名作家许地山是一个非常有个性的人,巧的是他的夫人也同样是一个个性鲜明的人,这样一来,两只"刺猬"的"刺"都让对方大吃一惊。两个人结婚不久,就总是因为一些小事口角不断,就像两只想要拥抱的刺猬,彼此都受到了伤害。1934年2月,许地山一个人去印度,期间也反思了他们婚后的生活。在旅途中,他给夫人写了一封长信,建议为了他们将来的幸福生活,夫妻间最好订立一个"爱情公约"。这份奇特的"爱情公约"内容大致如下:

一、夫妻间,凡事互相忍耐;

二、如意见不合,在大声说话前,各自先离开一会儿;

三、夫妻间应以诚相待;

四、每日辛劳工作后,夫妻间应该互相给予精神上的鼓励和支持;

五、一方不快乐时,另一方应当努力使对方忘却不快;

六、每日上床休息前,应当提醒对方当日未了之事及明日当做之事。

这份奇特的"爱情公约"立刻得到了夫人的响应。许地山回国后,两人遵照公约一起生活,果然不再因小事而争吵,后来他们幸福的婚姻生活备受旁人称赞。

家人之间,有时不仅要容忍对方的坏脾气、坏习惯,甚至还要容忍家人一时的邪念和伤害,因为他们毕竟是你的家人,只有容忍才能最终感化并改变他们。远古时备受人们赞颂的明君舜,就是一个鲜明的例子。

舜的父亲名叫"瞽叟",是一个盲人。他不仅眼睛瞎了,后来连心也"瞎"了。舜的母亲去世后,他又娶了一个狠毒的女人做老婆。舜的继母生了一个儿子,也就是舜同父异母的弟弟,名叫"象"。在继母与象的眼里,舜就像眼中钉、肉中刺,怎么看也不顺眼。而瞎了眼又瞎了心的父亲瞽叟,竟然跟这对黑心的母子一起,琢磨着怎么陷害自己的亲生儿子。

有一次,父亲瞽叟说家里的谷仓顶可能漏了,让舜架了长梯爬到仓房的屋顶上去修补一下。舜并不知道这是继母与弟弟设下的毒计,便欣然领命,爬到了高高的谷仓顶上。可等他爬上去一看,仓顶好好儿的,并没有什么要修补的地方。正当他纳闷儿的时候,突然一阵浓烟升起,接着火光冲天。舜在仓顶大惊失色,不知为何谷仓会突然起火。原来,为了置舜于死地,继母故意让父亲把舜骗上了仓顶,并趁机放火点燃了谷仓,这样一来,舜在仓顶纵使插翅也难逃了。

舜一下子明白了继母与弟弟的毒计,可他并不生气,也不着急,他冷静地观察了仓顶四周的情形,然后果断地把挂在仓顶墙壁上的两只斗笠拿了下来。他把两只斗笠牢牢地拴在两臂上,然后站到仓顶最靠边墙的角落上纵身一跃,从半空中跳了下来。

父亲、继母和象都以为舜必死无疑,哪知他竟然运用了降落伞的原理,借着两只斗笠的阻力跳了下来,安然逃离了火场。幸免于难的舜虽然明白继母与弟弟的迫害之心,可他并没有怀恨在心,还是像往常一样生活,并对一心想迫害他、虐待他的父母毕恭毕敬,坚守孝道。这一下,舜的宽阔胸

怀渐渐为世人所传颂。到了舜二十岁的时候,尧帝听说了舜的事迹,把自己的两个女儿许配给了舜。

看着舜越来越出众,象的心里充满了嫉妒与仇恨。在象和他母亲的蛊惑下,父亲又开始对儿子下毒手了。有一天,瞽叟让舜去掘一口深井。舜难违父命,只得努力掘了一口深井。井挖得很深了,瞽叟看看舜暂时再无爬上来的可能,便与象一起,突然在井口上面填起土来,要把舜活埋在井下。

幸亏舜事先有所警觉,他在挖井的同时,还在井下挖了一条横向的通道。井口被迅速堵上后,瞽叟、继母和象三人都以为舜必死无疑时,舜却通过横道暂时躲过灭顶之灾。之后,他又将横道挖通到地面,在外躲了一段时间后才又回到家中。

象以为自己阴谋得逞,提出要与父母分家,不仅要霸占舜的所有财产,甚至还要霸占舜的妻子,也就是尧的两个女儿。正当他得意猖狂的时候,突然看到舜安然无恙地回来了,不禁大惊失色。

即便是这样,舜还是没有将父母和弟弟的恶意放在心上。他回来后依然一如既往地孝顺父母，疼爱兄弟，就像什么事都没发生一样。渐渐地，父母和弟弟面对宽厚、忍让、仁慈的舜都心生惭愧，而尧更是被舜的仁厚与博爱所感动，最终选定舜做帝位的继承人。后来，舜成为远古时期继尧之后最为著名的明君。

父亲心术不正，继母两面三刀，弟弟桀骜不驯，家人串通一气，欲置舜于死地而后快。古人说，舜处在"父顽、母嚚、象傲"的险恶家庭环境里，却能对父亲、继母不失孝道，对弟弟友爱有加，并且始终如一，从不懈怠。在家人要陷害他时能及时逃避，在事态稍有好转时又能回到家人身边给予尽可能的帮助，舜表现出的非凡品德与超常的忍耐力，正是他能处理好家庭关系并治理好天下的关键所在。

所以，家和万事兴。但想要"居家久和"，确实如袁采家训所说，要"本于能忍"。

◎ 沧溟寄语：

人都是有个性，有性格的。在人与人交往时，这些个性特点有时就像小刺猬身上的一根根刺，靠得越近，刺得越痛，而家人之间往往是靠得最近的，所以往往也是刺得最痛的。一家人在一起生活，一方面要懂得收敛自己的"刺"，另一方面还要能够容忍家人的"刺"。

凝聚家庭正能量

家训名言：

人之爱父母,爱兄弟,爱宗族,如枝叶之附于根,手足之系于身首,不可离也。

北宋·司马光《温公家范》

沧溟先生说：

家庭能给人带来什么？

沧溟先生以为，最智慧的答案是：

1+1>2

1+1+1>3

……

依此类推，家人加在一起构成的爱情、亲情与温情，永远大于他们简单加在一起的能量相合。

说到这种家人合心、兄弟合心的能量，汉代有一个故事最为典型，也常被人所传颂。

据说有一个四口之家，家中除父母外，还有兄弟二人。

两兄弟孝敬父母，互相友爱，兄弟之间的感情很深。一家人在一起和和睦睦，家业也越来越兴旺，甚至连院子里的那棵大树也跟着越长越茂密，绿荫遮地，树干参天。邻居们都说这是一对让人敬佩的好兄弟，这是一户让人羡慕的好家庭。

两兄弟长大成人后，各自成了家，两家人还在一个院子里生活，兄弟间虽手足情深，怎奈老大媳妇与老二媳妇却不对眼，两妯娌明争暗斗，时常引发一些矛盾。于是她们分别向自己的丈夫抱怨。两兄弟架不住枕边风，也觉得对方有些不顺眼。

终于有一天，两妯娌间的怒火烧到了两兄弟头上，因为言语不合，老二提出要分家，自己搬出去住。老大也正在气头上，看弟弟要搬家，便顺水推舟，也不阻拦。任父母如何苦口婆心地劝说，两兄弟谁都不让步。

最后，两兄弟终于分了家，老二带着老婆搬了出去。可是，奇怪的事紧接着就发生了，自打老二搬出去之后，院子里那棵参天的大树突然开始干枯了。

老大很惶恐，不知大树得了什么病，他想尽办法照顾这棵树,可情况却一点儿也不见好转。过了没多久,大树的树干竟然开裂了,眼看着树根也要烂掉,这棵原本郁郁葱葱的大树就要轰然倒塌。

邻居们知道了大树的情况,都说是因为他们兄弟不和,连家中的大树都得不到生机。老大并不相信这些传言,可看着大树一天天死去,不知道哪天它会轰然倒塌,心里也难受极了。

老二不久也听说了家里的怪事,心中不免悔恨,可他已经搬了出来,又怎么好再回去呢?

最后,老大再也不忍心看着大树一天天死去的惨状,他宁可信其有,开始深深地忏悔,并请回了同样在后悔的弟弟,全家人又重新和睦地住在了一起。

说也奇怪,自从兄弟和好如初后,那棵大树又重新焕发了生机。没过多久,大树所有的症状都消失了,又重新恢复了茂盛葱郁的模样。

这件事被当时的人郑重地记载了下来,作为"兄弟不和,天理不容;兄弟合心,感天动地"的明证。

这个故事不论真假，但这个道理确实千古不易。

很多人都读过"一根筷子易折，一把筷子难折"的寓言故事，其实这件事来源于南北朝时的一个真实的事件。

南北朝时，北方兴起一个小国叫吐谷浑。当时，诸雄并立，你争我斗，吐谷浑的力量并不强大。后来，吐谷浑出了一位杰出的君主叫阿豺。这阿豺果然有才，他励精图治，努力学习汉文化，使国家逐渐振兴起来。后来，阿豺得了重病，他担心自己死后家族中的子弟会为了争权而自相残杀，这样自己费尽心血建立的大好基业就会走向没落，于是他把兄弟、子嗣召集到病床边。

"你们每人都拿一支箭给我！"阿豺半卧在床上，对床前的众人说。

大家并不知道阿豺要做什么，都听话地各自从箭囊中抽出一支羽箭放在他的床边。

阿豺费力地从床边的箭里抽出一支，交到身旁的弟弟手里，说："你能折断这支箭吗？"

弟弟孔武有力，他拿起箭，轻易地就把箭给折断了，然

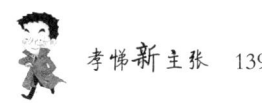

后不解地看着兄长。

阿豺笑了,他又让弟弟把剩下的十几支箭一起拿起来,然后问他:"你能把剩下的箭一起折断吗?"

弟弟很努力地尝试,可他根本折不断,其他人也没有一个能折断这十几支箭的。

阿豺满意地看着众人,意味深长地说:"你们看到了吧,一支箭易断,一把箭难折。你们要是齐力合心,又有谁能折断你们呢?"

子弟们恍然大悟,纷纷感谢阿豺给他们留下了最宝贵的人生智慧。阿豺死后,他的子弟们果然像他希望的一样,齐力合心,团结一致,使吐谷浑王国迅速强大起来,一直到隋唐时期,吐谷浑都是北方强大的国度。

所以,司马光才会在家训里感叹:兄弟亲族如同手足一样,手足离开了身体,各自又有什么用呢?

◎ 沧溟寄语:

生活需要正能量。可是正能量从何而来呢？对一个人来说，正能量来自学习和自我价值的追求，同时也来自生活环境，尤其是家庭环境的影响。如果家人的正能量能形成合力，那么这种能量就会远远大于"一加一"的简单之和。古人说"兄弟合心，其利断金"，又常说"独木难支，双木成林"，正是这个道理。

打虎亲兄弟　上阵父子兵

家训名言：

兄弟和,虽穷氓小户必兴;兄弟不和,虽世家宦族必败。

清·曾国藩《曾国藩家书》

沧溟先生说：

古人讲"孝、悌、忠、信"，这其中"孝"是对父母的敬爱，"悌"则是兄弟间的友爱。

我们现在已经知道兄弟合心能产生强大的正能量，能让枯木逢春，还能让阿豺的吐谷浑王国变得强大。而大儒曾国藩则认为，兄弟和与不和，不仅是家族能否兴旺的关键，更是一个人危难时与成功时最重要的依靠。他的这种认识，源于他切身的经历与感受。

曾国藩在家里排行老大，下面还有四个弟弟。曾国藩比他最大的弟弟还要大上九岁，所以对于几个弟弟，他经常端出长兄为父的姿态来。这样一来，他跟几个弟弟的关系就闹得很僵。

曾国藩的四弟曾国荃，后来也是湘军的名将，他年轻的时候就曾跟大哥曾国藩闹过一次别扭。那时，曾国藩已经考中了进士，在北京翰林院任职，他把四弟带在身边，一方面是想让弟弟增长见识，另一方面可以亲自教育、帮助弟弟。

开始时，曾国荃满心欢喜地跟着哥哥来到了北京，可是住了没多久，就闹着要回湖南老家。曾国藩反复问弟弟原因，曾国荃就是不说，只是说要回家。曾国藩实在没办法，只好写信回老家禀明父母，说弟弟大概是少年心性，容易喜新厌旧，现在在北京待腻了，想回家了。

对此，父母也没说什么，弟弟也没分辩什么，反正最后曾国荃一声不响地回了湖南老家。

弟弟回家后没多久，曾国藩的烦心事就来了。他被朝廷任命为四川科举考试的主考官，期间发了笔小财，他马上寄了一千两银子回家，并交代让家里留下六百两，剩下四百两接济同族的穷亲戚、穷朋友们。这本来是件好事，可是没想到过了两天，曾国藩就接到了三弟曾国华与四弟曾国荃的

亲笔信,他们一是抱怨大哥寄来的一千两银子还不够家里还债的,二是讽刺曾国藩此举有沽名钓誉的嫌疑。这让曾国藩心头怒火直冒,恨不得把两个弟弟找来像往常那样好好儿训斥一顿。

其实,这正是曾国藩与几个弟弟关系不好的关键所在。他只知道长兄为父,一味地像父亲与老师一样严格地要求、教育弟弟们,却没有体现出一个兄长应有的关爱之心与呵护之心。几个弟弟渐渐长大,自然要反抗他这种"长兄为父"式的权威。

后来,曾国藩也渐渐意识到自己的错误,也想努力改变自己的形象。可他习惯了往日威严的作风,一下子还真改不过来。

终于,太平天国农民起义爆发,曾国藩被命运之手推到战争的最前沿。本来他是主张用人避亲的,所以一开始并没有让弟弟们加入湘军。但有一次,正当危难之际,曾国藩已绝望万分的时候,在湖南老家的几个弟弟听说了大哥的困境,立刻毫不犹豫地招兵买马,领军出山,将陷于困境的曾国藩救了出来。

不仅如此，几个弟弟还表现出卓越的军事才能，不仅挽救了局面，还反败为胜，主动向太平军发起攻击。

正当曾国藩感慨万分，觉得危难之际唯有手足之情可以依赖的时候，前方突然传来噩耗，三弟曾国华轻兵冒进，误中敌人埋伏，最后战死沙场。

曾国藩一下如坠万丈深渊，立刻从兄弟相救的欣喜中跌入痛失手足的悲痛中。他在悲痛中痛自反省，流着泪对几个弟弟说，都是自己以前的态度伤害了兄弟间的感情，而这种损害才是导致三弟战死的关键原因。

虽然弟弟们都劝他不必将罪责全都揽到自己身上，都说曾国华的战死其实只是偶然，可曾国藩却固执地认为：兄弟和，则一定不会有此厄运；兄弟不和，则一定会有此厄运。他说，曾国华的战死看上去只是偶然，可是却与他之前任人避亲的用人方式是有关系的。

曾国藩从此以后彻底改变了自己的用人主张，从用人避亲转变为举贤不避亲，他不仅为几个弟弟尽心搭建施展

人生抱负的舞台,还将这种"打虎亲兄弟,上阵父子兵"的观念渗透到湘军的管理上。他主张一个组织、一个团队就要像一个大家庭一样,将领带兵要像带家中子弟一样。曾国藩最早提出这种带"子弟兵"的观念,直到现在还影响深远。

从曾国藩的反思中,我们明白了一个道理:小到一个家庭、一个家族,大到一个团队、一个组织,甚至一个国家、一个民族,若能齐心协力,有如兄弟之情,那么就没有什么克服不了的困难,也没有什么成就不了的事业。

所以,大丈夫想要成就伟业,当视"四海之内皆兄弟"也!

◎ 沧溟寄语：

孤掌难鸣，即使你有再好的设想，再远大的抱负，一个人也永远成就不了什么大事业。要成就事业，危难时要有援手，发展时要有助力，奋进时要有同行。所以，要想成就事业，一定要有团队；而要想凝聚团队，就一定要有兄弟之情。

孝在传承

家训名言：

　　百行莫先于孝，而孝莫大于养志……父母无不志子之成立，则当勤学问，习艺能，毋游荡以养之。

　　　　　　　　　　清·傅超《事亲篇》

沧溟先生说：

封建时期的孝文化有一种糟粕，叫作"不孝有三，无后为大"。这话是说，最不孝顺的事是不能生儿子，这样家族就无后了。事实上，这严重导致了中国古代社会重男轻女的现象，所以是一种糟粕。

但从深层次的理念看，中国人为什么喜欢说"不孝有三，无后为大"呢？

这是因为，儒家的孝道，关键在于传承。而在古代的社会结构中，能传承祖先遗志，弘扬家族遗风的往往是男子。

傅超的家训名言就说："孝莫大于养志。"而"养志"的方法是"勤学问，习艺能"，是努力学习，树立人生志向，成就人生价值,造福社会,为父母与家族带来荣耀。这才是最大的孝道。

沧溟先生以为,只有理解了孝在传承,你才会真正理解"班马"的伟大!这里的"班马"是历史上中国文人对班固与司马迁这两位伟大的史学家的并称。

司马迁被称为"中国历史之父",鲁迅称他的《史记》是"史家之绝唱,无韵之离骚"。可很少有人知道,这位"历史之父"的伟大创作缘起于他父亲的遗愿。

司马迁的父亲名叫司马谈,曾经任太史令,主管国家的典籍文献,也主持国家的史书撰写。可是司马谈并不满足于简单地整理记录,他想写一本伟大的史书,为此,他收集了很多资料,也带着司马迁走过很多地方。可是,他还没有开始实现自己的梦想,疾病就夺去了他的生命。临终前,他对已经长大成人的司马迁说:"余死,汝必为太史。为太史,无忘吾所欲论著矣!"

这就是一个伟大父亲的临终遗言,叮嘱孩子不忘记自己想要写的书,不要忘记父辈的志向与愿望。

正是在父亲的临终遗命与期望下，司马迁遍览书籍，游历天下，开始了长达数十年的《史记》创作。期间，他因为李陵的案子，被牵连下狱，面临或死刑或耻辱宫刑的选择时，司马迁悲愤地说出了"人固有一死，或重于泰山，或轻于鸿毛"的千古名言。他选择了最屈辱的宫刑，只是为了要活下去完成《史记》，完成父辈的遗愿。

所以《史记》的伟大，不仅在于其历史意义，更在于其人性意义。只有伟大的传承，才有文明的传续。

《史记》的历史价值，在《二十四史》里，大概只有《汉书》能与它比肩，所以史家总以"史汉"并称、"班马"并称。巧的是，班固创作《汉书》的初衷竟与司马迁有着惊人的相似之处。

班固的父亲名叫班彪，是东汉时期著名的学者。班彪向来仰慕司马迁的《史记》，曾经立下志向要写一部《史记后传》，并查阅了大量的西汉典籍。在父亲的影响下，班固也渐渐地对西汉的历史产生了兴趣。有一次，学者王充来拜访班彪，班彪向他谈及自己要创作的《史记后传》，当时年龄尚小

的班固居然也能头头是道地加入大人的谈话。王充大惊,对班彪说:"此儿必记汉事!"意思是你的志向将来要完不成的话,也不用担心,你的儿子定会继承你的遗志,完成这部伟大的史书!

果不其然,班彪在开始创作《史记后传》后没多久就病逝了。班固安葬完父亲后,不顾家境的贫寒,夜以继日,废寝忘食,全力以赴要完成父亲的遗愿。

班固不仅传承了父亲撰述的志向,他还在父亲记史的基础上,重新调整了布局与结构,他想写的不只是一部《史记》的后传,而是一部具有独特价值的伟大史书,这就是后来的《汉书》。

班固这么做,不仅艰辛,而且还冒着巨大的风险。因为班固写史属于私撰史书,这在当时是犯法的。

后来班固被仇人告发,因私撰《汉书》而身陷囹圄,书稿也被官府查抄。班固的弟弟班超冒死赶到洛阳,并向皇帝上书,为兄长鸣冤,这才引起汉明帝对这一案件的重视。

汉明帝特地召见班超了解情况,班超将父兄两代人几十年修史的辛劳与志向向汉明帝一一阐明,汉明帝听后也大为感动。这时,汉明帝已读到查抄上来的《汉书》书稿,更为班固的才华所倾倒。最后,汉明帝不仅特赦班固无罪,还任命他为兰台令史,让他名正言顺地继承父辈遗志,去完成他的史学巨著。

最终,班固不负众望,写出了与《史记》一样彪炳千秋的史学名著《汉书》。班固因此得以与司马迁并称,成为中国历史上最伟大的史学家之一。

我想,司马谈与班彪这两位父亲,如果能看到司马迁与班固完成了自己的志向与遗愿,他们大概是最幸福的父亲了吧。而在这两位父亲的眼中,能传承遗志的司马迁与班固,大概才是真正的孝子。

◎ 沧溟寄语：

　　我们每个人身上都流淌着祖先的血液，传承着祖先的智慧。"我是谁？""我从哪里来？""我往哪里去？"——这是哲学的三大基本命题。你只有知道你从哪里来，你应该传承祖先或父辈的哪些志向与遗愿，你才能知道你将要往哪里去，才能实现真正的人生价值。传承与弘扬，才是真正的孝道。

成才　成大孝

家训名言：

　　夫人为子之道,莫大于宝身,全行,以显父母。

三国·王昶《家诫》

沧溟先生说：

怎样才算是最大的孝行？怎样才算对得起列祖列宗呢？

沧溟先生以为，范仲淹的答案最为经典。

范仲淹，字希文，北宋杰出的政治家、文学家、军事家、思想家。他不仅领导了"庆历新政"的改革，而且在《岳阳楼记》中说出了那句震撼人心的千古名言："先天下之忧而忧，后天下之乐而乐！"

但是，很少有人知道，范仲淹写《岳阳楼记》时并没到过岳阳，也没登上过岳阳楼，更没看到过洞庭湖。那么，范仲淹又是如何写出千古名作《岳阳楼记》来的呢？

原来，滕子京被贬岳阳后重修了岳阳楼，又命人画了一幅《洞庭秋晚图》的山水画送给范仲淹。而范仲淹是看着这幅图，写出了千古名作《岳阳楼记》的。这一切到底藏有怎样的玄机呢？这还要从范仲淹的孝心说起。

范仲淹两岁就失去了父亲，一直到二十岁，他都不知道自己姓范。

原来，在父亲去世后，他的母亲迫于生计，只好改嫁一户姓朱的人家。范仲淹随母亲来到朱家，便跟着朱家改姓朱，家里人给他起名叫朱说。那时他还太小，根本不记事，所以在很长的一段时间里，范仲淹只知道自己姓朱，根本不知道自己原本姓范。

直到范仲淹二十岁的时候，有一次，他教育朱家一位堂弟应该养成勤俭节约的好习惯，不要大手大脚乱花钱时，这位朱家堂弟不屑地随口便说："我用我们朱家的钱，又不用你范家的钱！"

由此一来，范仲淹才知道了自己的身世，自己原来姓范。

了解了真相的范仲淹发下宏愿，他要自强自立，实现自

我存在的价值。他禀明母亲,坚决要自立门户,离开朱家的庇护,并将自己的姓氏改回来。

范仲淹自立之后,立志发奋求学。他在学校里是最勤奋的学生,也是生活最为艰苦的学生。有一位同学是太守之子,见范仲淹生活太过艰苦,每日粗茶淡饭,便让人从家里带了精致的饭菜送到范仲淹的宿舍里。

范仲淹笑着谢绝了同学的好意,他说:"我不是不想吃好的,但我怕我吃了好的之后,就吃不了苦了。"

言下之意是,若现在不能吃苦,我的人生志向如何实现?我的人生价值又如何体现呢?

渐渐地,范仲淹在学习与成长中终于知道,要想书写有价值的人生,就要为国家、为社会做出巨大的贡献。史书记载,从此,年轻的范仲淹"慨然有天下之志",这时的他才开始有了真正的"先天下之忧而忧"的人生抱负。

后来,范仲淹成为一代名臣,他通晓文武,学贯古今,既可身任边帅,力拒一方之敌;又有如椽巨笔,堪为一代文宗。后来,为天下苍生计,他锐意改革,不顾重重阻力,领导了

"庆历新政"。

在庆历新政中,范仲淹重点打击盘剥百姓的腐败官员,但凡查到有问题的官员,他都拿笔在其名上勾销查办,成语"一笔勾销"就出于此。当时,副宰相富弼劝他不要得罪那么多人,说你一笔下去,可就是一家人的哭声啊!范仲淹回答说:"一家哭,何如一路哭耶?"就是说,这些腐败官员一家人哭,总比一省一地的百姓哭要好吧。所以就算得罪人,我也要做下去!这就是"虽千万人,吾往矣"的勇气与担当。

可是,恶势力的反扑也是极其凶狠的,范仲淹亲自领导的庆历新政才进行了一年多就惨遭失败。开始,先是他的改革团队中的重要成员遭受贬官的打击,后来,连他自己也不能躲过被人陷害,继而贬官的厄运。在范仲淹的改革团队中,有几个重要的成员,就包括大文豪欧阳修,还有请范仲淹写出《岳阳楼记》的滕子京。

现在你知道为什么滕子京只寄了一幅《洞庭秋晚图》来,而从未登临岳阳楼的范仲淹就慨然允诺,为滕子京写下如此千古名作的原因了吧?原来他们是志同道合的战友,是惺惺相惜的同志。所以,在《岳阳楼记》里,描写洞庭湖的景色是次要的,重要的是抒发他们共同的人生理想,表达改革志士"先天下之忧而忧,后天下之乐而乐"的宽广胸怀与人生气象。所以,范仲淹在篇尾以这样的感慨作结:

"噫,微斯人,吾谁与归?"

若没有这样伟大的人,我将和谁一起同行,一起归去呢?

正所谓"路曼曼其修远兮,吾将上下而求索"!正所谓"虽千万人,吾往矣","虽九死其犹未悔"!这就是伟大的先行者,这就是历史的真巨人!

范仲淹领导的改革虽以失败而告终,但他高洁的品行与节操,他伟大的人格与操守,已经成为人类文明史上浓墨重彩的一笔。所以,后世范姓宗族公推范仲淹是范家第一伟人,是为范家祖先增光添彩的第一人。

所以说,怎样才算是最大的孝行?怎样才算对得起先辈呢?

答案很简单——有价值的人生,才是最好的报答!

◎ 沧溟寄语：

中国的传统文化严格说起来没有宗教崇拜，其本质是一种祖先崇拜。因此，在传统文化中，如何传承祖先的遗志，如何继往以开来，如何弘扬祖先的声名与荣耀，就成了孝道中的重要内容。这一点激励着历代仁人志士努力奋进，因为他们懂得，有价值的人生，才是对列祖列宗最好、最大的报答。

心中有孝　如沐春风

家训名言：

　　饱暖平安,是为清福;温良恭俭,到处春风。

　　　　　　　　清·刘沅《豫诚堂家训》

沧溟先生说：

孝顺是不是件很辛苦的事？遵守崇高的道德是不是件很累人的事？

说实话，恐怕很多人会这样认为，甚至有人会说，看看古人行孝的辛苦与守德的贫寒就知道了。

其实不然。

关于这一点，我们可以举一个最典型的例子——那个看上去行孝最苦、守德最清贫的闵子骞。

闵子骞原名闵损，他是孔子的学生，也是"孔门七十二贤"中鼎鼎大名的一位，以孝顺、德行闻名于世。孔子论德行，颜回之后就是闵损；后世儒家称孝道，首先提到的就闵损与曾参。

关于闵损的孝行,最著名的事迹就是芦衣顺母的故事,这也是后人认为他行孝自苦的主要原因。

闵损的亲生母亲死得早,父亲后来又娶,继母刚来时对闵损还不错,可是后来又生了两个孩子,继母对闵损的态度就越来越差了。

有一年冬天,天气越来越冷,继母给三个孩子都做了棉衣。因为闵损是老大,常要帮父亲外出干活儿。有一次,闵损帮父亲在外拉车,那天天气特别冷,闵损虽然身着棉衣,却还是冻得直哆嗦,拉车的绊绳也总是掉下来。父亲看了非常恼火,心想你已经穿了棉衣却还冻成这个样子,分明是想偷懒。

父亲越想越生气,一怒之下拿起鞭子就抽在了闵损的身上,可是让父亲惊讶的是,鞭子落在闵损身上,竟一下把看上去厚实的棉衣都抽裂了。更让父亲惊讶的是,裂开的棉衣里并没有棉花,而是飞出片片芦花。

父亲震惊了,他下了车,走到闵损面前,一把扯住闵损

身上的棉衣,含着泪问:"这就是母亲为你做的棉衣吗?"

原来,继母偏心自己亲生的两个孩子,给他俩的棉衣里都塞满了厚实的棉花,在闵损的衣服里却只塞了些芦花,看上去好似棉衣的样子,实际上根本不保暖。闵损穿着这样的棉衣,就等于穿着两层薄薄的单衣,在这样寒冷的冬天怎能不冻得瑟瑟发抖呢?

父亲气极了:"你早知道?为什么不说?"父亲气得要立刻回家休掉继母。

这时,闵损拉着父亲的手说:"父亲,请不要生气!我冷一点儿不算什么,您千万不要休掉继母。现在这样,只有我一个人冷罢了;您要是休掉继母,那可就是三个孩子要孤单了啊!"

"母在一子寒,母去三子单",这掷地有声的感慨震撼了父亲,也最终打动了继母。

后来,父亲没有休掉继母,而继母也最终为自己的行为感到羞愧,从此洗心革面,开始像对待自己亲生的孩子一样对待闵损,一家人从此过上了幸福的生活。

世人都称赞闵损的宽容与孝心，连孔子都称赞说："孝哉，闵子骞！人不间于其父母昆弟之言。"

可还是有人会问，为了行孝，闵损居然要穿着薄薄的单衣过冬，这不太苦自己了吗？

后来，闵损师从孔子，学问、品行都十分出众，很多人请他去做官，他却洁身自好，自明心志，说："不仕大夫，不食污君之禄。"意思是即便穷困，即便贫寒，也不愿去官场那样污浊的地方。最后，鲁国的权贵逼他出来做官，他居然摆明态度说，再让我当官，我就只有逃离而去了。

可是因为不出仕，他的生活一直比较贫寒。有人会说这不是太迂腐了吗？你完全可以既做官，又出淤泥而不染嘛！

一方面行孝而自苦，一方面守德而贫寒。也许有人会问，这样活着不累吗？这样的人生又有什么快乐可言呢？

有一次，鲁国想翻修金库，请教闵损的意见。闵损说，为了让金库更漂亮些而劳民伤财，这是多愚蠢的事啊！又有一次，路遇权贵的豪华车队出行，路人纷纷赞叹"羽盖龙旗，旌裘相随"的盛况，闵损却说这些不过是粪土而已。别人笑他吃不到葡萄说葡萄酸，他却淡然一笑，说你们哪里会知道"先王之道"的快乐是远胜于"美车马"的啊！

原来，在闵损的心中，自有一种崇高的美感与幸福感，而这种美感与幸福感是远超于物质之上的。在这种崇高的美感与幸福感中，高洁的品行并不需要费力坚守，一切都是自然而然的。在这种崇高的美感与幸福感中，善良的孝心并不需要自虐式的勉强，一切都是发自本心、水到渠成的。

而这种崇高的美感与幸福感的获得，就是人生的至高境界。如果你达到了这种境界，你自然就会知道：

心中有孝，如沐春风。

温良恭俭，到处春风！

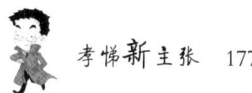

◎ 沧溟寄语：

　　人生最大的幸福，绝不是简单的物质占有与无度挥霍。人生最大的幸福，来源于精神的愉悦与价值的追求。这其中包含了亲情、爱情与友情，也包含着理想、事业与信仰。真正的幸福源于崇高、纯洁与纯粹。所以，心中有孝，如沐春风！温良恭俭，到处春风！

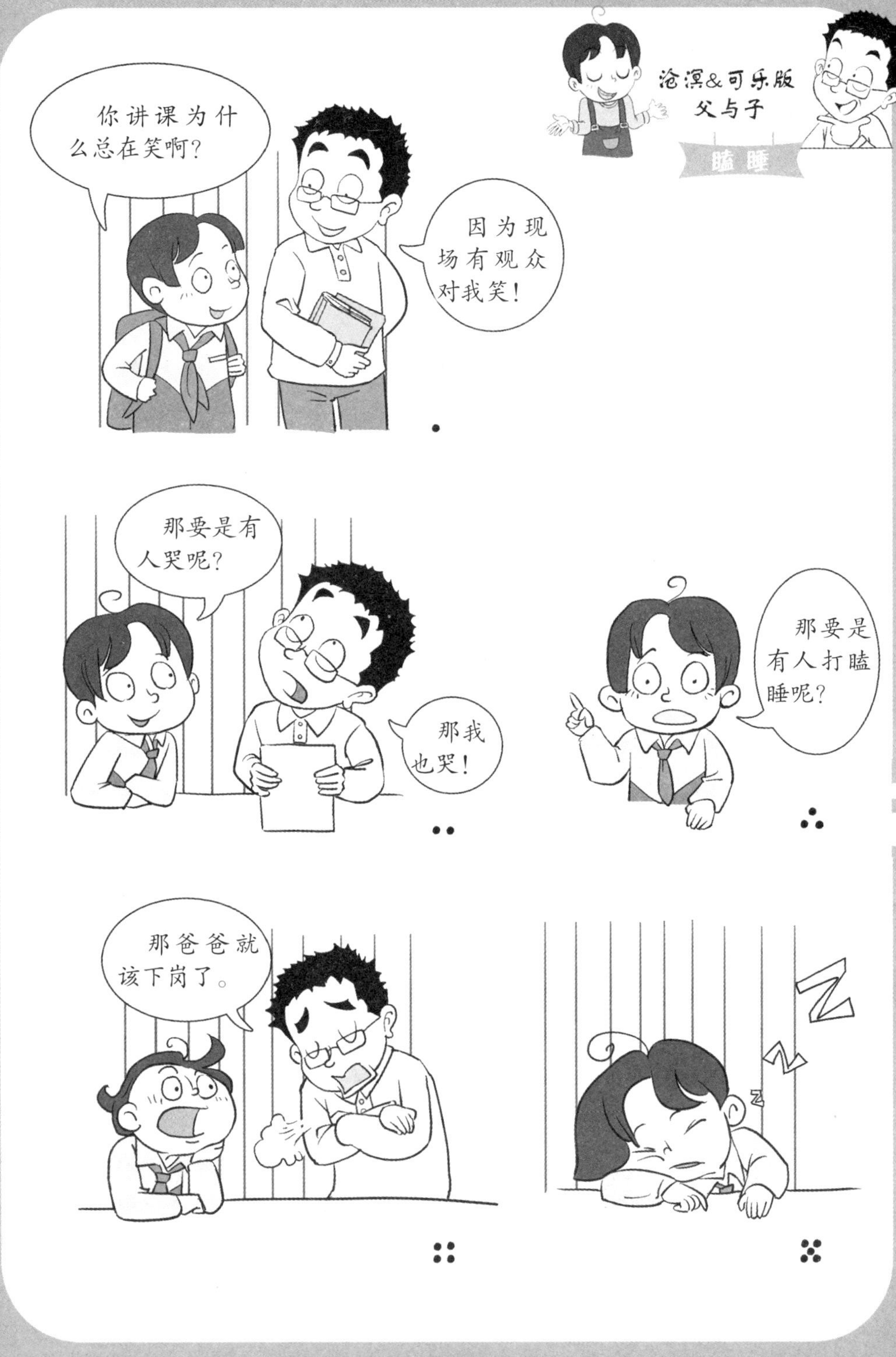